福建省住房和城乡建设厅 主编

福建传统建筑系列丛书

光泽传统建筑

GUANGZE TRADITIONAL ARCHITECTURE

黄汉民 范文昀 著

寨里镇汕头村 黄汉民 绘

海峡出版发行集团 THE STRAITS PUBLISHING & DISTRIBUTING GROUP | 福建科学技术出版社 FUJIAN SCIENCE & TECHNOLOGY PUBLISHING HOUSE

作者简介

ABOUT THE AUTHOR

黄汉民，福建福州人，1943 年 11 月生。1967 年清华大学建筑学专业毕业，1982 年获清华大学工学硕士学位。1982 年至今在福建省建筑设计研究院工作。中国民居建筑大师，福建省勘察设计大师。现任福建省建筑设计研究院有限公司顾问总建筑师。

曾任中国建筑学会常务理事，生土建筑分会副理事长，福建省建筑师分会会长，福建省建筑设计研究院院长、首席总建筑师，华侨大学、福州大学建筑学院兼职教授。

主要建筑设计作品获奖情况：福州西湖 “古堞斜阳” 、福建画院、福建省图书馆、福建会堂等，荣获福建省优秀建筑设计一等奖；中国闽台缘博物馆，荣获中国建筑学会新中国成立 60 周年建筑创作大奖。

出版专著《福建传统民居》、《福建土楼——中国传统民居的瑰宝》、《客家土楼民居》、《福建土楼建筑》、《门窗艺术》、《福清传统建筑》（合著）、《尤溪传统建筑》（合著）、《南靖传统建筑》（合著）、《屏南传统建筑》（合著）、《平和传统建筑》（合著）。主编《中国民族建筑（福建卷）》《福建传统民居类型全集》。

范文昀，陕西咸阳关中人，1979 年 5 月生。建筑设计师，2014 年创办坊・间建筑设计机构，与各大设计院合作过多个国家级规划设计项目。主创项目：福建三明万寿岩国家级考古遗址公园三钢厂房改造利用工程（2015）；福建平潭北港村活化利用（2017）；福建平潭猫头墘村活化利用（2018）；福建屏南厦地村（2014）、平潭东美村（2015）、屏南里汾溪村（2020）中国传统村落保护与发展规划。出版专著《平潭石头厝》（合著）、《福清传统建筑》（合著）、《尤溪传统建筑》（合著）、《南靖传统建筑》（合著）、《屏南传统建筑》（合著）、《平和传统建筑》（合著）。发表学术论文《从“园冶”中看到的文脉与建筑营造》（2014，《建筑师》杂志）、《“我”眼中的王澍》（2013，《建筑师》杂志）、《不仅仅作为一种建造》（2011，《建筑师》杂志）、《解体认知“园冶”》（2013，《新建筑》杂志）、《砖・石・词语之间》（2012，《新建筑》杂志）、《天然石材的历史性言说片断》（2010，《新建筑》杂志）等。

“福建传统建筑系列丛书”编撰委员会

主　　任：蒋金明（福建省住房和城乡建设厅党组成员、副厅长）

苏友佺（福建省住房和城乡建设厅党组成员、总经济师）

副 主 任：黄敏敏（福建省住房和城乡建设厅风貌办）

黄汉民（福建省建筑设计院原院长）

委　　员：林琼华（福建省住房和城乡建设厅风貌办）

林中林（福州）　陈　琦（厦门）　林小玉（漳州）　王惠萍（泉州）

陈昌荣（三明）　黄天寿（莆田）　李广钦（南平）　卢小其（龙岩）

郑新平（宁德）　蒋金促（平潭）

执行主编：苏友佺　黄汉民

执行副主编：黄敏敏

《光泽传统建筑》编撰者名单

主　　持：黄汉民

摄　　影：范文昀　黄汉民

撰　　文：范文昀

调　　研：范文昀　黄汉民

审　　定：黄汉民

总序一

GENERAL INTRODUCTION 1

衣食住行，这是人类生存必备的四个要素。其中“住”，也就是千百年来人们营造的建筑。

中国传统建筑体系是世界上独一无二的，以土木结构为主体，独立扎根在农耕文明土壤。当下，只要用中国传统技艺与材料所遗存或建造的传统建筑都可称作中国传统建筑。

传统建筑，文化古韵。它是凝固的历史，是文明的符号，是岁月的见证。

在福建，由自然环境和历史移民带来的文化交流隔阂，不但形成了 3 大方言群、16 种地方话和 28 种音，也形成了 11 大类 33 小类的传统民居类型。在福州，有汉民族古老里坊制人居格局的三坊七巷；在闽北，有青砖灰瓦、肃穆质朴、古风悠远的院落式民居建筑群；在闽中，有构筑奇特、聚族而居、防御性强的如城池般的土堡；在闽西南，有土木结构、防卫性能优越且适应大家族平等聚居的世界文化遗产福建土楼；在闽南，有“出砖入石”独特风格的红砖古厝建筑等。这些都是八闽大地丰富建筑文化的典型缩影。

“片云凝不散，遥挂望乡愁”。对传统建筑的了解，不仅是为了更好地保护，守住我们的乡愁记忆和文化气质，增强对福建传统建筑的自信心和自豪感，还在于指导现实，让传统理念和元素应用于现代建筑，延续好传统、传承好历史，让传统和现代交相辉映。

福建省住房和城乡建设厅是福建历史文化名城名镇名村传统村落以及历史建筑、传统风貌建筑保护传承的省级主管部门。近年来，我们不断加大保护力度，已初步建立比较系统的保护名录，也对八闽地域建筑特色进行了一些梳理研究。如同济大学常青院士开展八闽古建筑谱系理论研究；梳理特色建筑语汇，编印《福建村镇建筑地域特色》《福建省地域建筑风貌特色》《福建传统民居类型全集》《中国传统建筑解析与传承（福建卷）》《福建古建筑》等系列书籍专刊。总体上看，虽然做了一些基础性研究梳理工作，但研究还比较粗浅，不够深入，不够全面。

为进一步保护和传承好八闽大地上一座座“真宝贝”，推动总结、提炼全省各市、县（区）地域传统建筑特色，把握八闽传统建筑精髓和发展脉络，挖掘和丰富其完整价值，探索传统与现代建筑融合发展的理念和方法，福建省住房和城乡建设厅牵头组织开展“福建传统建筑系列丛书”编撰工作，以市县为单位，选取区域内现有的传统建筑遗存，包括传统聚落（如历史文化名镇名村、传统村落）、传统民居（如文物建筑、历史建筑、传统风貌建筑）、乡土建筑（如祠堂、书院、教堂、廊桥、古塔、牌坊等），在精选实例基础上，进行合理分类，系统提炼地域建筑特色。

“此夜曲中闻折柳，何人不起故园情”。“福建传统建筑系列丛书”悉数八闽大地“珍馐”，将八闽大地上一座座“真宝贝”呈现到我们眼前，让我们不论身处何方，都能感受到祖先留下的一座座温暖家园，都能从砖瓦木石间闻到家乡味道，都能在一砖一瓦间邂逅到最温情的家乡情怀，都能深切体会到乡愁记忆在延续，文脉在永久流传。

福建省住房和城乡建设厅

2022 年 8 月

总序二

GENERAL INTRODUCTION 2

泱泱中华，历史悠久，幅员辽阔，经纬纵横，建筑亦风格迥异，流派众多，并各具特色。

在众多流派中，闽派建筑以依山傍水、古厝马鞍，而独树一帜，且因闽越文化、客家文化、海洋文化、侨乡文化等的互鉴交融，形成了多姿多彩的传统建筑风格和多种多样的建筑形式——有红砖白石燕尾脊、砖雕骑楼和尚头的泉州闽南风格，曲坡文脊砖间石、琉璃垂莲诗文墀的莆田莆仙风格，黑瓦粉墙长披檐、隆脊悬山木墙裙的尤溪闽中风格，黑瓦土墙大围楼、石脚门饰大出檐的福建土楼风格，灰砖门楼马头墙、白沿雕饰高柱础的建州闽北风格，白沿门楼对山墙、鹊尾重檐长悬鱼的福宁闽东风格，白墙黑瓦马鞍墙、叠板门罩山水头的福州闽东风格，硬山石墙平屋脊、小窗窄檐压瓦石的海岛风格；也有城垣城楼、土楼城堡、府第民宅、文庙书院、古道亭桥等建筑形式，尤其是数量最多、分布最广的建筑形式——民居，更是充分展示了福建民众旧时的生活方式、喜好信仰、民俗文化和聪明才智。

这些传统建筑既蕴含着天人合一、宗法礼制等深厚的中国传统文化内涵，又充满着浓郁的人情味与独有的地域特色，是中国传统建筑文化中的瑰宝，具有重要的历史、文化、科学与艺术价值。它们似一颗颗明珠点缀于八闽大地，彰显闽人高超的智慧和技艺。

习近平总书记在福建工作 17 年半，对福建建筑文化遗产保护发展提出过许多前瞻性的思想和观点，且推动了一系列保护文化遗产的开创性实践。2002 年，时任福建省省长的习近平为福建人民出版社出版的《福州古厝》一书撰写序言，以深邃的思考，生动的笔触，深刻揭示了戚公祠、马尾昭忠祠、林文忠公祠、开元寺等古建筑的丰富文化内涵，作出了保护好古建筑、保护好文物就是保存历史、保存城市文脉的重要论断，阐明了经济发展和生态、人文环境保护同等重要的关系。

福建省高度重视传统建筑保护工作，持续推进普查认定，深入挖掘文化遗产资源，初步建立了包括历史文化名城、街区、名镇、名村、传统村落、历史建筑、传统风貌建筑等保护对象在内的全省历史文化保护传承体系，先后制定出台了两部法规、三个政策文件。其中，《福建省传统风貌建筑保护条例》在全国首创。

此次，为深入挖掘、研究、整理福建传统建筑，更好普及福建传统建筑知识，展现八闽先人们的智慧，福建省住房和城乡建设厅组织编撰“福建传统建筑系列丛书”，这既是一项宏大的、浩繁的工程，又是一项功在当代、利在千秋的基础工作。它在为人们了解和认识八闽传统建筑提供一扇窗口，奉上精美的、具有福建特色建筑文化大餐的同时，也能为传统建筑研究提供基础资料，更能为传统建筑与现代建筑融合发展提供鲜活的样板。

希望通过该丛书的编撰出版发行，能够迎来新时代地域建筑之佳构，建筑文化之鼎盛。让我们随着编撰者的叙述，开启探寻八闽传统建筑之门，在不同风格、形式的建筑中，于古老的墙、瓦、窗、棂中，去体悟匠人智慧，感受闽人乡愁。

是为序。

国际欧亚科学院院士
住房和城乡建设部原副部长
中国城市科学研究会理事长
仇保兴

序

PREFACE

楼建龙

浙江诸暨人，1970 年 8 月生。1992 年 7 月毕业于北京大学考古系，获史学学士学位。1992 年 8 月入职福建博物院文物考古研究所，2011 年 12 月获聘文博研究馆员，2020 年 10 月起任福建博物院副院长兼福建闽越王城博物馆馆长。现为中国考古学会理事、国家文物局文物保护工程专家组成员。主要研究方向为文物保护、考古，个人著述主要有：《福建北部古村落调查报告》（2006）、《将乐良地古村》（2017）、《福建古驿道》（2020）、《福建城池考——汀州》（2020）等。

光泽素称“海峤喉襟”，地处古代福建通往中原的重要孔道，也是闽江上游与长江中下游区域文化的关键结合部。数千年以来的人文碰撞，使光泽的文明遗存独树一帜，形成的区域建筑因此特色鲜明，并以其保存之完整，成为福建乡土建筑瑰宝的富集地。

光泽是福建史前文化与中原文化交流、融合的初始之地，距今五千年以降至先秦时期的文化遗址及出土标本数量丰富，勾勒出闽江上游富屯溪流域考古学文化的完整序列。由秦汉而迄晋唐，伴随着中央政权对福建版图的扩张进程，贯通于武夷山脉之间的交通孔道日益繁荣。随着闽江沿线成为福建政治、军事中心和人口的集中分布地，各交通要道沿闽江开发，闽北的官道得以建立，由福州经延平而至邵武和光泽的杉关，成为晋京的重要通途。古云“入闽三道，建州通浙为险道，漳州通海为间道，以邵武为隘道”，光泽就是经由邵武隘道出省、通往江西的最后一个重要驿站。

光泽“当江闽之交，据关岭，居上游”，县境之内通往江西的古道众多，省界之间关隘林立，统称“九关十三隘”，其中最有名者当属杉关。按蓝鼎元《福建全省总图说》：“自江西入闽，一由河口，逾崇安，过武夷山，下泛建阳，会于建宁。一由五虎杉关，逾光泽，下邵武，过顺昌，会于延平。”重要的地理位置，使光泽成为历代兵家必争之地，称“屏障一隅”之“战城”。按《读史方舆纪要》的说法：“仙霞之途，纡回峻阻，其取之也较难。杉关之道，径直显露，其取之也较易。闽之有仙霞、杉关，犹秦之有潼关、临晋，蜀之有剑阁、瞿塘也。一或失守，闽不可保矣。”

水陆交通同样成就了光泽千百年来的商业地位。在闽西商业网络中，竹木材作为重要交易和流通品种，使福建成为中国著名的造纸中心。明代宋应星在《天工开物》中指出，“凡造竹纸，事出南方，而闽省独专其盛”。闽西的木材与纸张一部分通过水运集中至福州出口，另一部分则通过江西销售，如《光泽乡土志》所云，“纸，北乡白联纸，本境销不满万，余皆由陆路出云际关，运销河口、天津、湖广、上海各处，每岁约十余万担”。当时闽西北商路的传输范围，已畅达京畿一带。

沿着杉关大道，千百年间的物流与人流，沉淀了光泽丰厚的历史与社会财富，也遗留下特色各异、精美有加的各式建筑。光泽境内古村落与民居的保存数量相当可观，传统建筑形式多样，且内涵丰富、特色鲜明，在福建的古村落及传统建筑中具有极强的代表性。各大类别建筑作为光泽地方社会发展、融合、衍变之各个阶段的代表，又可与周边地区的传统建筑进行对比，极大推进我们对于福建传统建筑的多样性认知。

建筑上的差异，既体现为外观色调的不同，也表现为建筑手法与内部结构的差别，而建筑装饰的差异则是当地历史与人文最细微且直观的表达。为此，要特别感谢黄汉民、范文昀两位建筑大家为我们展现了这本《光泽传统建筑》，从建筑遗产的角度，极大地提升、完美了我们对于光泽这方悠久土地的人文感知。

我们对于传统建筑的认识，主要基于建筑的平面格局、梁架结构、内部装修及装饰手法。光泽传统建筑受赣、皖、浙建筑风格的影响较深，外部普遍筑有高大的封火山墙，山墙以一字跌落墙形为主，外观沉稳厚重，聚敛内向；建筑内部则空间高大，明暗有别，采光良好。光泽传统建筑的地方性主要体现在建筑装饰上：砖雕大量存在于内外门楼及各处隔墙上，雕工精致，仿木处精细入微，砖与砖之间磨缝对接，清水砖面浑然一体；木雕以建筑内部的梁架雕饰为主，突出表现在弯枋、梁头及梁下雀替、挑檐、柁墩甚至木质柱础等处。所有的这些“共性”与“个性”被黄汉民、范文昀等建筑专家们精准捕捉，形成准确的文字与精美图片，浓缩在这本著作里，成为光泽印象的又一完美诠释。

我的本业是考古，主要的工作对象是掩埋于地下的文物。随着文化遗产保护理念的深入，我从 2002 年起对福建北部古村落进行专题调查，其中也包括光泽县的崇仁村。在这个研究方向上，黄汉民先生是我接触并开展乡土建筑保护工作的导师。先生有嘱，命我为《光泽传统建筑》作序，却之不恭，且有感于此书对于人文光泽的精准、精细、精美呈现，遂不揣自身认识之简陋而草成此文。是为序！

目录

CONTENTS

目录

CONTENTS

下篇　地域建筑特色

前言

PREFACE

——关隘格局中的光泽人居文化

光泽县域东南以武夷山山脉分水岭划界，山脉西南部属光泽，也是正山小种的发源地，从而成就光泽茶市、茶文化的兴盛，特别是闽江上游光泽溪流密布的漕运，为商贸顺流而下出海提供了运输便利，同时，这些盆地溪流两岸成就了大量人居山水聚落。“邵武为瓯闽西户，而光泽据关岭居上游，屏障平一隅。山益峻，水益驶，穷林邃谷益盘礴深窈，故长才秀。民陶和育粹，蔚然而特起者，视邻封益盛焉。”（明宣德《光泽县志》）光泽县城古为“杭川驿”，北溪与西溪汇流至此，往下是富屯溪，再到闽江直入大海，途经顺昌、延平、尤溪、古田、闽清、闽侯而到福州港口（如图 1），光泽“据关岭居上游”，拥有一方全生态的山清水秀狭长腹地。

如同陕西关中各个战略关口的把守，使得农耕文明的八百里秦川成为古“天府之国”，从而成就华夏汉唐盛世。在八闽大地同样如此，从陆路进入福建自成一体的满目丘陵大地，必经无数关隘才可进入，特别是闽江上游的光泽拥有“九关十三隘”的兵家必争重地，尤其是明清八闽第一关的雄关“杉关”（如图 2、图 3），这是古代闽赣边陲的重要通道，是从江西进入福建的一大门户，亦如陕西关中潼关的锁钥关口。

光泽自宋设邵武郡而置县以来，已有千年建县历史。这千年来逐渐形成了无数关隘与人居聚落，兴衰起落之间，商贸与农耕并重之时，中原文化自西向东而南下东南，从清时期徽商崛起以来，徽派文化已辐射整个东南地区，光泽边关地域建筑几乎尽是徽派风格封火山墙，青砖门面刻画得琳琅满目。在这“九关十三隘”的护佑之下，光泽县域传统建筑风格青出于

图 1　驿道陆路与闽江水路并行图（摘自《福建古驿道》，楼建龙　著）

蓝而胜于蓝，在徽派建筑风格基础上有所超越。自东北向西南，关岭自古分别形成鸭母关、马铃关、云际关、火烧关、山头关、分水关、铁牛关、杉关、王际坳关 9 座大关口，以及金家隘、蛇岭隘、台尖隘、孔坑隘、白虎隘、牛田隘、风扫隘、羊头隘、岩岭隘、杨公隘、义角隘、毛家隘、仙人隘 13 座小关口，与之平行的北溪与西溪狭长溪谷及各处分支水系两岸满布人居聚落，特别是溪流缓慢的船运枢纽码头，一时之间，这里人烟密集，盛世繁华景象丛生。如今弃绝水运交通，光泽这个边关一隅重地中的古村聚落多数已满目萧条，逐渐空心化，在时代的洪流下几成绝唱，然青砖技艺的咏叹调依然在阳光下不断回响。

图 2　光泽杉关川道之武夷山视觉通廊

图 3　光泽杉关石碑

关岭山水聚落画卷

光泽县域自古是战略要冲，位处闽江源头上游富屯溪，属武夷山地貌范围，在武夷山脉北段的西侧，由此翻过连绵山岭就是武夷山核心区的丹霞地貌。在光泽境内有 500 多座千米高峰，沟壑纵横，从东北向西南展开，水陆交通网络随之蜿蜒，向北阻隔江西，向下顺流而下直达福州。这个千年古县地理位置独特，造就了宜商宜农的生产生活环境，水质清澈，山峦翠绿，人居环境一流，一个个几乎没有设防的边关聚落坦然如画卷般静卧。

人类的生存首先要防护，其次要防御。防护如衣物，这种南方防护房屋仅有隔断围护作用，无非围合一处私人院落或族群领地。而防御如人体的免疫系统，在居住空间里做些预防性的攻击措施，以防盗贼侵害的不期而遇，古今中外皆是如此，无非一村一乡一县郡与国家的防御有着级别的不同。光泽地域聚落一方面如尤溪聚落，一方面又如屏南聚落。尤溪除了固若金汤的土堡外，就是大量可增长型的几乎不设防的散点式民居，光泽也有不少散点式聚落；同时也有类似屏南里坊制的街巷聚落，不同的是，尤溪与屏南地域极少使用青砖建造，尤溪民居擅长木构，开放而秀丽小巧，而屏南及鹫峰山一带以夯土取胜，四周严密围合，属典型闽北传统建筑。防御性的典型传统建筑当属福建土楼与土堡，而其余是带有防护性的大量民居，有的做些防御性的加强措施，如屏南古村落建有不少炮楼及寨墙等。在光泽地域这个战略要冲，自明清以来常驻军队把守，这里有了关隘军事措施的保障，匪患就不是首要面对的防御对象，这就造就了光泽民居聚落几乎没有设防，从而造就光泽地域亦商亦农的人文环境，这是光泽人居聚落形态演变及地域建筑特色塑造的重要土壤。

闽北大部分地区属桢榦夯土民居建造体系，这些氏族聚落是从北宋汴梁南下到南宋临安再到福建，是大量遗存的里坊制聚落居住空间的活化石。这些闽北建筑的特征在光泽逐渐处于边缘，光泽传统建筑与明清徽派建筑风格有着密切关系，同时适应与演变出地域特色。光泽的人居聚落中，里坊制街巷特征最为明显的属北溪上游司前乡的新甸村（如图 4），这里溪流放缓，拥有富饶的狭长盆地，成片聚落在宽阔溪畔一侧坡地展开，承担着武夷山茶商贸易的运输与中转。由于商贸带来了财富，这个村落人烟密集，一条商街贯穿其中，溪流向下连接码头，向坡上关联里坊巷道的重重幽深。“成也萧何，败也萧何”。古代水路发达成就了这个闽江最上游的聚落明珠，而一旦水运萧条废弃，村落就会陡然成为一处废墟而遭遗弃，新甸村就是体现这种商贸流动性的典型案例，这也是光泽聚落命运与形态

图 4　司前乡新甸村临溪聚落

的特点。这种聚落在光泽还有杉关一带更为兴盛的商贸聚落，因商贸而起，又因商贸而落。这些聚落在光泽两大溪流北溪与西溪两岸星罗棋布，典型如北溪的洋塘村、崇仁村，西溪的管蜜村、石城村，再到两溪交汇的茶市街聚落。

图 5　华桥乡牛田村边关聚落

图 6　寨里镇山头村边关聚落

茶市街聚落是所有光泽地域聚落商贸活动的集聚点，在西溪与北溪汇流而入富屯溪的三角地带，两岸商铺林立，码头船来船往，运送着从长江流域经江西通过关隘进入的货物，也运送着当地盛产的茶叶及其他产品，这里是光泽古代最繁华的街市。茶市街因此人烟密集，街巷四通八达，一条主街巷贯通其中，民居建筑密密匝匝排列而随机建造，俨然一处边关商贸重镇，古为杭川驿所在地。除了这些主干水路及重要码头节点聚落之外，还有大量分散开的小支流两岸的人居环境聚落，有的甚至躲在偏远的山谷盆地中，如关隘附近的牛田村与山头村（如图 5、图 6）。

千年以来，由于山水脉络自成体系，光泽行政区域基本稳定不变。光泽地域地势高峻，山川河流密布，水系沟壑自成一体，在主干北溪与西溪支流的两岸或末端分布着为数不少的山地或盆地聚落，这些聚落大部分以散点式适应地形环境，最大化地利用地势进行营造，以四合院模式为主体，夹杂独栋木屋，在山林溪畔或盆地、坡地展开。即便山清水秀如此，由于地处边关要塞，商贸与兵灾的不确定性是其本色，古代光泽的聚落规模与密度不如闽北其他县域，特别是不如鹫峰山脉的屏南县，这个人居环境平均海拔最高的县域。

传播徽派建筑风格的入闽门户

自南宋理学成为文化主流以来，福建与江西便是重要的传播之地，武夷山更是朱熹讲学的中心地带。光泽地处武夷山核心区，又是入闽门户，自然也是明清徽商入闽的必经之地，理学随之形成风气，传统建筑的徽派风格民居便辐射到此处，毕竟徽派商业与文化当时正属盛期。

自古以来，在地工匠面对切身的地域环境进行适应性建造应对的同时，仕宦与商人阶层在一定程度上引领某种能彰显高贵身份的建筑风格，这两方面路径一个是自下而上生长，一个是自上而下效仿，前者侧重点在功能舒适与节俭建造，后者注重衣锦还乡时的身份定位或商街市井核心区的标准仿造，中国建筑文化由此两条路径而相互借鉴，有的由文化高地向外传播（如古徽州），有的在小环境方言区流行（如福建多种多样的方言区），地域特色就是在如此往复、不断固化中形成的。在这种形成过程中，居住空间的分配秩序极少出现变化，仅在福建博平岭一带，明末清初之际的福建土楼群有颠覆性突破。反观光泽现存的传统建筑可发现，这些大多是明、清及民国之际的建筑遗产，出现了在古徽州区域流行的青砖封火山墙叠落风格形体，也出现了在福建闽北方言区才出现的桢榦夯土技术组织建造的里坊制街巷秩序，而不变的是大小四合院的不断组合，可见理学的儒家思想根深蒂固，尊卑有序的居住秩序依然是主流。

追溯光泽理学主流文化源头，正如明宣德《光泽县志》记载："按志光泽自为县去今四百五十余年，衣冠文物中州鲜与齿，盖繇西山李先生得道南之绪，大倡斯道月洲，云岩教音嗣布，与考亭师友济美当世，而过化之泽，浃乎人心，流风余韵犹有存者所致然也。他如李诰、黄敦义以科第显，或家学流芳，世科接武，或彪炳乎事业，恢弘乎治道，纡朱曳紫，相望后先，非山川秀异之气钟于人有若是欤？"这是距今600年的光泽人文土壤的厚度，可见它不仅是边关重地，也是文化交流重地。建筑文化植根此处，建筑的人文基础更可明察。

理学集大成者朱熹与光泽文化名仕有着深厚的交往，先后书写有《特奏名李公纯德墓志铭》《西山先生李公墓表》及若干书信《答李滨老书》《答李守约书》《答李相祖书》《答李壮祖书》《答李方子书》，摘录其中要点如下："邵武军光泽县东一里许，有地曰乌洲。李氏世居之，为郡著姓。""西山先生李公者，龟山杨文靖公之门人也。龟山既受学于河南程氏，归以其说教弟子。东南一时学者翕然趋之。""熹少好读程氏书，年二十许时，始得西山先生所著论孟诸说，读之又知龟山之学横出此支，而恨不及见也。"朱熹与光泽的理学世族渊源可见一斑，这是光泽传统建筑的深远文化背景。

自光泽设县千年以来，杭川驿处在县城北溪与西溪汇流的交叉地带，在中心位置构成重要的交通枢纽，由此辐射，进行商贸往来与文化传播。在县城茶市街溪流两岸密密匝匝的民居建筑中，明清大宅多是徽派青砖硬山山墙，合院街巷如织网，彰显以往繁荣景象。顺着北溪北上，崇仁村与洋塘村出现规模较大的青砖建筑群，特别是宗祠建筑，不管是高大的徽派山墙，还是华丽精美的"八"字大门青砖雕饰，都属上乘精品（如图7、图8）；除了祠堂，还有工艺精湛的青砖牌坊与深宅大院的山墙。徽派青砖建筑在这里集大成。再往北，到达全省镇域面积最大的寨里镇，这里随处可见徽派青砖建筑风格的宗祠与民居群，特别是山头关附近的山头村，有座气派的徽派风格青砖建筑“大夫第”，还有座精美的龚氏家祠。

图7 崇仁乡崇仁村裘氏家祠

光泽杉关是光泽县西南部的核心枢纽，以此为中心传播徽派建筑风格，在杉关附近有亲睦村、岛石村及白门楼村。这些村落核心老街区的民居都是青砖建造，特别是高大气派的宗祠，一色青砖构筑，在天空勾画着徽派风格山墙，典型如岛石村的朱氏宗祠，亲睦村的黄氏宗祠，都是徽派传统风格青砖建筑的精品。物质器物表象文化的附着，首先需要人文气息的不断流通与聚集，这种现象全方位地体现在光泽徽派传统风格建筑的建造体系上。正如明末清初时期闽南漳州月港，作为对外贸易唯一枢纽，使得上游平和“克拉克瓷”国际贸易与文化传播成为可能，其文化高度与经济规模完全体现在上百座圆形土楼建筑中。这是我们当下深挖中国建筑文化及福建传统建筑起源的根本立足点。

图8 崇仁乡洋塘村黄氏家庙

当徽派建筑风格在明清之际成为光泽县的主要风格后，有大量在地工匠做地域特色创造，这种创造工作与闽北传统建筑特色密切相关。这种自上而下的徽派建筑风格效仿主要体现在商贾富户或仕宦耕读人家，还有氏族众筹的宗祠建筑及庙宇；创造性的在地民居建筑主要是就地取材与应对气候的结果，借鉴了在闽北流行的中原桢榦夯土墙技术，同时与青砖结合构筑外墙，大多以小天井合院模式营造，还有后期独栋双坡悬山屋舍也成片出现。可见，地处边关的光泽地域传统建筑大环境属徽派风格建造的辐射范围，小环境属闽北夯土传统建筑的延伸，处于交叉地带的混合风格区域。这是以诸多关隘作为重要入闽门户地带特有的传统建筑营造现象。

执笔：范文昀

山头村聚落大夫第

牛田村聚落

牛田村陈家聚落司马第民居

囍

山坊村高家聚落

百岭村聚落垂直鸟瞰

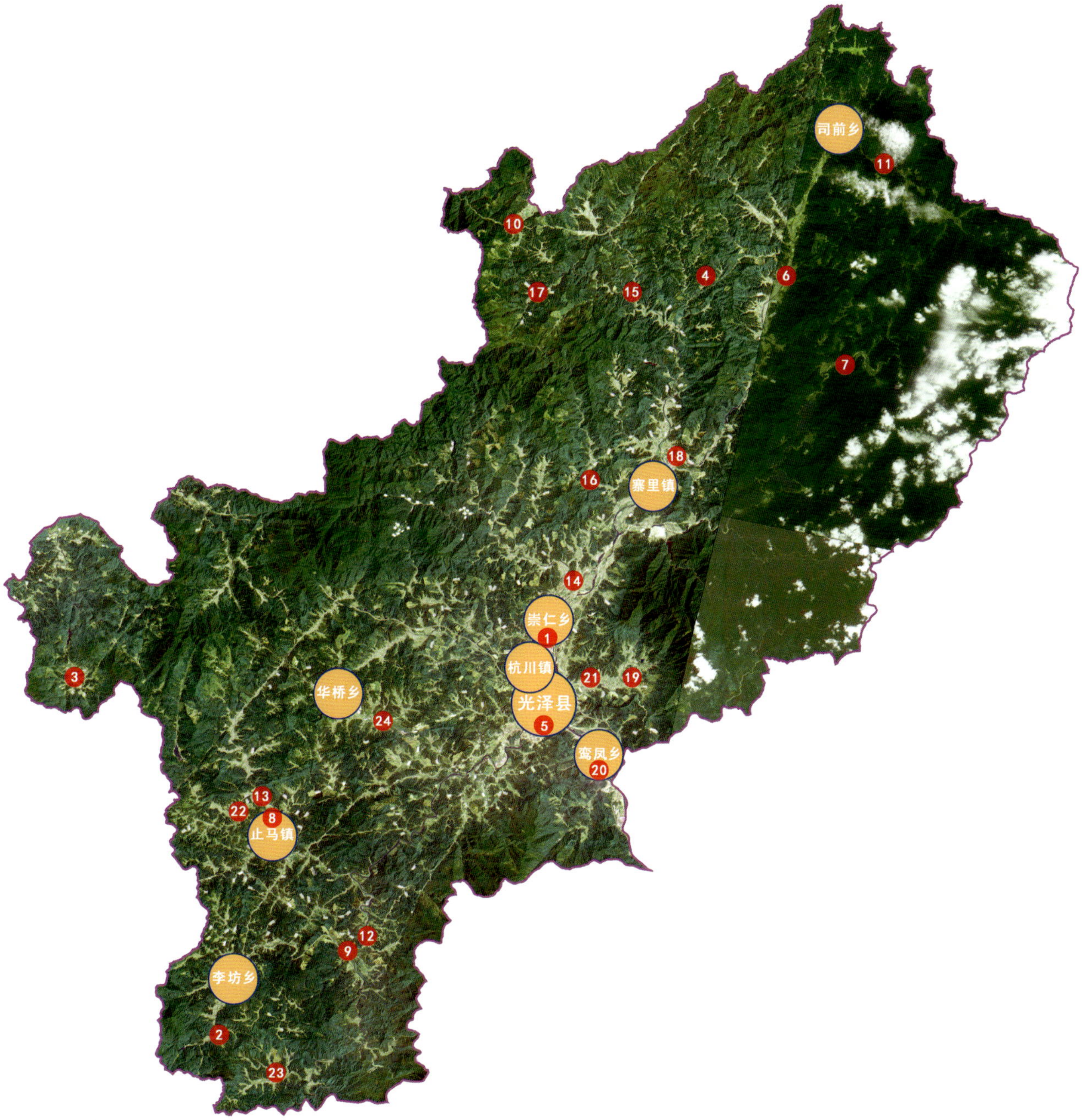

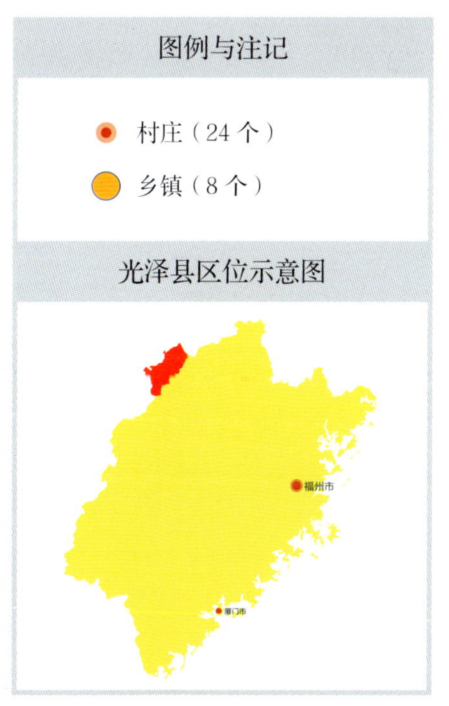

图例与注记

- 村庄（24 个）
- 乡镇（8 个）

光泽县区位示意图

考察调研村落位置示意图

1. 崇仁村
2. 百岭村
3. 牛田村
4. 山坊村
5. 茶市街
6. 新甸村
7. 清溪村
8. 白门楼村
9. 管蜜村
10. 山头村
11. 长庭村
12. 石城村
13. 岛石村
14. 洋塘村
15. 官桥村
16. 梅溪村
17. 西溪村
18. 茶富村
19. 饶坪村
20. 中坊村
21. 油溪村
22. 亲睦村
23. 上观村
24. 吴屯村

上篇

传统建筑实例

一个地域聚落的分布，不仅密切相关当地的自然环境与人文环境的承载力，还与这个地域的经济、文化水平及军事战略地位相关。前者仅是客观的提供者，而后者是主观的塑造者。光泽这个千年古县有其特殊性，一方面客观资源的承载力相当丰厚，在闽江最上游地区，依托武夷山拥有全生态的人居环境；一方面是关隘军事战略地位护罩下的亦商亦农的主动塑造者，特别是明清之际，这些聚落环境的盛衰周期相对比较明显。

沿着光泽北溪与西溪主干溪流出现较大型的临溪聚落，这些聚落商业较发达，而在山岭中的溪谷、盆地或坡地上分布着较多农耕村落，它们大多是开放性的，有的有街巷，有的呈散点式布局。临溪的商业聚落有崇仁村、新甸村、管蜜村、清溪村及城关茶市街，山岭农耕村落有百岭村、牛田村、山坊村、山头村、长庭村、白门楼村。

由于大多数聚落已被遗弃，典型的民居大宅如凤毛麟角般稀少。这些典型民居大部分是青砖建造风貌，还有一少部分是夯土营造，墙面抹灰处理，或一进或两进。民居建筑最为典型的属山头村大夫第，还有牛田村的司马第。相较而言，祠堂建筑在光泽最为气派，且基本都是青砖建造，现存为数不少。最典型的属崇仁村裘氏家祠，还有洋塘村黄氏家庙、亲睦村黄氏宗祠、岜石村朱氏宗祠与高氏宗祠、石城村上官劲庵祠及管蜜村曾氏家庙。这些宗祠、家庙是徽派青砖建筑风格建造语言的集大成者。

除了以上组成聚落的主体建筑之外，光泽还有为数不多的寺庙宫观，其中的齐天大圣庙比较典型；还有难得一见的两座廊桥，与屏南的廊桥不尽相同，现今保存完好。关隘是光泽一大特色，特别是杉关大关口，其周边形成聚落，其他的关隘有的仅存防御性的关门，有的仅残存隘口遗址，这些都属于光泽古时候建筑物的遗存。

崇仁村聚落近景鸟瞰

一、传统聚落

光泽传统聚落数量相对较少，质量较高。光泽地处闽北边陲武夷山一带，紧邻江西，关隘众多，其中杉关是古代军事重地。光泽人居环境从东北到西南狭长展开，水路发达，两大主干溪流汇聚在中心的杭川驿富屯溪，聚落格局有的随着水系展开，有的分散在支流上游群山峻岭的褶皱盆地溪谷中。

目前，光泽拥有 1 个福建省历史文化名村，5 个中国传统村落，9 个福建省传统村落。

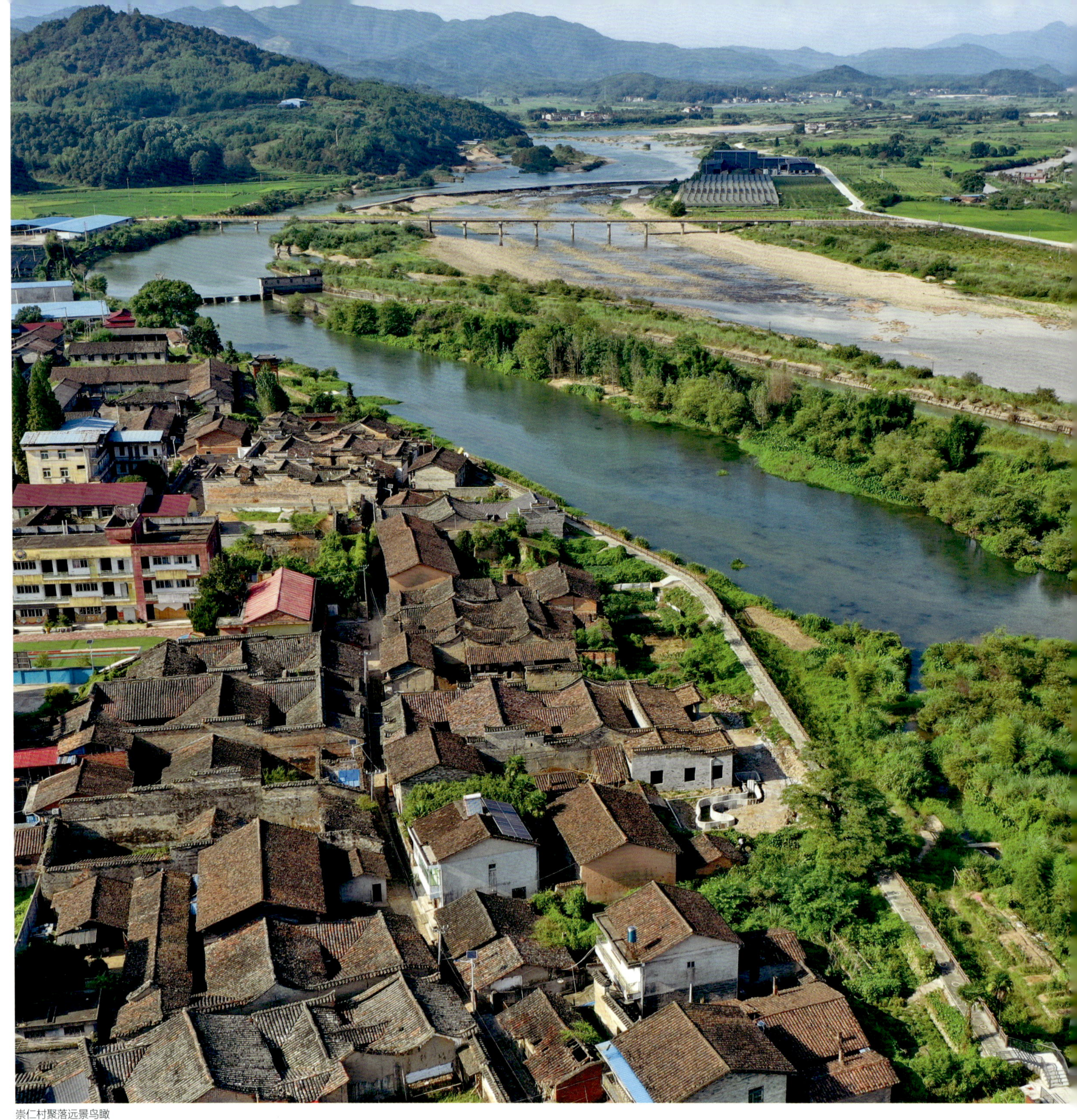

崇仁村聚落远景鸟瞰

崇仁乡崇仁村

以龚氏为主的崇仁村沿着富屯溪北溪一字展开，长长的“五里长街”贯穿整个村落，在舒缓而宽阔的河岸盆地繁衍千年，河对岸就是有名的商周考古遗址——青铜文化“池湖遗址”。崇仁村始建于宋，历经1000多年，完整的街市在明末形成，距今有400多年。整个崇仁古村由北向南演化出十字巷、龚家巷、王家巷、官家巷、城家巷五条支巷，一条主干商业街巷如鱼骨贯穿其中，东侧溪岸设码头。街坊俨然是城池，住宅墙体相连，在四周围合成形似梯形的城墙，城内设门类齐全的宗祠、戏台、书院、寺庙等明清传统公共建筑。由于是在闽北武夷山核心文化圈，崇仁村自古就是闽越族群的聚集地，有3000多年人居历史。崇仁村始建于唐，比光泽建县史早百年。现如今，崇仁村已不见昔日繁华光景，但古老的气息依然扑面而来，鹅卵石街巷与密密匝匝的合院民居建筑，还有高大的徽派青砖封火墙依然彰显曾经的盛况。

崇仁村现为福建省历史文化名村、中国传统村落与福建省传统村落。

崇仁村聚落中景鸟瞰

崇仁村聚落宗祠鸟瞰

崇仁村聚落近景鸟瞰

崇仁村聚落垂直鸟瞰

崇仁村聚落宗祠

崇仁村聚落街巷组图

百岭村聚落近景鸟瞰

李坊乡百岭村

百岭村属山岭盆地小聚落，村边有小溪流蜿蜒，四周山峦起伏，眼前梯田层层叠叠，人居环境自成天地，一色青砖建筑群围绕宗祠展开。这个邓氏聚落明显演化出两种村落面貌，古街巷藏在风水山坳里，错落布置，巷道曲折，富有人文尺度，一座座合院组合，徽派山墙识别度高；另一侧的后期聚落多数应是新中国成立后建造，排屋式整齐排列，简易硬山山墙，几乎都是两层楼房。这里没有一座现代水泥建筑，古风古貌，是一处难得的世外桃源栖居地。村里邓氏是名门望族，相传先祖是元末明初朱元璋的将领邓间之，后世族人多身世显赫，在清代有“一门两大夫，三代都为仕”之说。

百岭村现为中国传统村落。

百岭村聚落垂直鸟瞰

百岭村聚落人居环境

百岭村聚落近景一

百岭村聚落街巷组图

百岭村聚落近景二

李坊乡管蜜村

在西溪上游宽阔溪岸的肥沃盆地上，坐落着人口密集的千年古村管蜜聚落，这是曾氏与高氏两族群肇基的村落。由于地处闽江源头富屯溪之上的西溪上游地带，溪流舒缓，溪面宽阔，四周山峦起伏，绿树成荫，这里自唐宋以来便是周边商贸水运的枢纽。管蜜村中演化出三条街巷，分别是中街、后街、边街，还有六条小巷串联，如织网交错，人烟鼎盛，风景秀美。在村落不远处陡峭山峰上，矗立一座楼阁，与山脚溪流遥相呼应，山水倒影如画。再往上游，西溪大回转形成一座孤岛，岛上形成一处人烟小聚落，青山碧水之间，美不胜收。

管蜜村现为中国传统村落。

管蜜村聚落垂直鸟瞰

管蜜村上游小聚落垂直鸟瞰

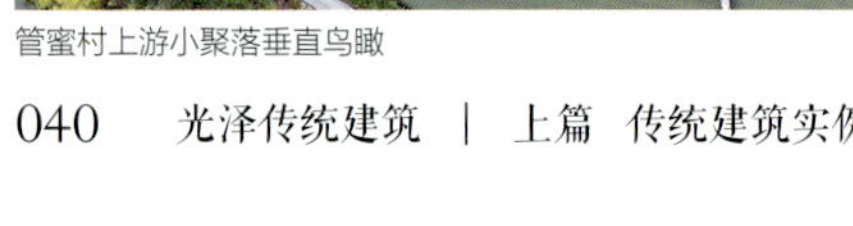

管蜜村聚落近景

管蜜村聚落楼阁景观

管蜜村上游小聚落鸟瞰

牛田村聚落远景鸟瞰一

华桥乡牛田村

在崇山峻岭之中，坐车要去牛田村必经江西境内绕道，再绕山路才能到达。这里盆地阔然，溪流穿村蜿蜒而过，七个自然村聚落四散在各处，中央拥有千亩良田，是个真正的世外桃源佳地。这是个葫芦状大盆地，陈氏在北端，蔡氏在西北侧，龚氏在南端，还有其他姓氏居桥头、上下西边、左家及上陈墩。村中主要是龚、蔡、陈三个大家族，现保存最完好的是北端村落入口处的陈氏聚落。在陈氏聚落兴盛期，明清传统青砖建筑多达 40 多栋，现存一栋规格最高的司马第府邸大宅，1932 年、1933 年的第四次、“第五次反围剿”时，这里曾是周恩来与朱德的作战指挥所，全村驻扎红军 2000 多人。牛田村建村已有千年，为了避乱，各家族陆续迁入经营，远离喧嚣，自成一世界，耕读传家，富甲一方，属农耕社会自给自足的典型。

牛田村现为中国传统村落。

牛田村陈家聚落中景鸟瞰

牛田村陈家聚落垂直鸟瞰

牛田村龚氏聚落垂直鸟瞰

牛田村聚落远景鸟瞰二

牛田村龚氏聚落中景鸟瞰

牛田村陈家聚落近景一

牛田村陈家聚落近景二

牛田村龚氏聚落全景鸟瞰

牛田村龚氏聚落近景局部

牛田村陈家聚落近景局部

牛田村陈家聚落街巷组图

寨里镇山坊村

山坊村是由分散在丘陵山谷之中的三个自然村组成的，主村是王氏的山坊聚落，其他两个分别是何氏的石枧聚落与高氏的高家聚落，都属于山岭小盆地聚落，周边丘陵连绵，生态环境极佳。王氏的山坊聚落处在狭长山谷边缘的山坳坡地上，形成较完整的街巷，房屋沿着等高线排列，大多数以土木悬山屋舍为主，少部分合院民居和祠堂以徽派青砖建筑风格呈现，人烟相对密集；何氏的石枧聚落与较远的高氏聚落同处另一个山谷，二者除了宗祠建筑之外，基本都是独栋悬山土木屋舍，规模较小，周边山林茂密，人居生态环境绝佳，如天然园林。

山坊村现为福建省传统村落。

山坊村聚落远景鸟瞰

山坊村聚落垂直鸟瞰

山坊村聚落近景局部一

山坊村聚落近景鸟瞰

山坊村聚落近景局部二

山坊村聚落近景局部三

山坊村聚落近景局部四

山坊村聚落近景局部五

坊村聚落近景局部六

山坊村聚落中景鸟瞰

山坊村聚落街巷组图

山坊村高家聚落中景鸟瞰

山坊村石枧聚落近景局部

山坊村聚落近景局部七

山坊村陈家聚落垂直鸟瞰

山坊村陈家聚落近景局部

山坊村陈家聚落街巷

山坊村陈家聚落透视

山坊村石枧聚落垂直鸟瞰

山头村新丰聚落近景鸟瞰

寨里镇山头村

在福建与江西交界区域的光泽“九关十三隘”中有个山头关，不远的山头村处在较大的狭长盆地里，四周山峦叠嶂，盆地边缘散落几处自然村聚落，总称山头村，其中龚氏的新丰聚落较大也最为完整。新丰聚落在盆地中段的台地一字展开，古街巷穿村而过，其中有座较大型的民居建筑“大夫第”，这是徽派青砖建筑精品；整座聚落坐西北朝东南，眼前左右成片阡陌良田如画般展开，溪流从盆地一侧低地蜿蜒而出，是一处风水绝佳的人居环境。

山头村新丰聚落现为福建省传统村落。

山头村新丰聚落近景局部

山头村新丰聚落街巷

山头村新丰聚落垂直鸟瞰

山头村新丰聚落远景鸟瞰

山头村新丰聚落牌坊

山头村新丰聚落近景局部一

山头村新丰聚落近景局部二

山头村新丰聚落近景局部三

山头村新丰聚落近景局部四

山头村新丰聚落路亭

茶市街聚落近景鸟瞰

光泽茶市街

茶市街紧邻富屯溪上游西溪西岸，古时码头林立，街巷纵横交错，有一条主干商业街贯穿其中。这是光泽县城的商业集中地，在西溪西岸水流缓慢地带逐渐形成街市（古称茶焙街），在明清时期达到盛期，是闽赣边境的名街，是光泽尚存较完整的一条古街。古街中明清合院民居建筑众多，大多损毁严重，尚存巷道、古桥、古码头及古井等遗址。街巷形态较完整，建筑大部分采用青砖建造，徽派山墙风格符号随处可见，古香古色风貌，可想象当初一派繁华景象。

茶市街聚落垂直鸟瞰

茶市街聚落近景局部

茶市街聚落垂直鸟瞰局部一

茶市街聚落垂直鸟瞰局部二

茶市街聚落街巷一

茶市街聚落街巷二

茶市街聚落石板桥面

新甸村聚落近景局部

司前乡新甸村

上有新甸下有崇仁，新甸村同样是水运枢纽，在北溪上游一处水草丰茂的溪岸盆地上营建，北溪在这里宽阔而舒缓，古时码头林立，承接四方而来的商品，以红茶正山小种为主。新甸村紧邻溪畔，在缓坡地带排开，形成较大规模的街市聚落，里坊制巷道层层深入，曾经拥有书院、炮楼及城墙等设施，处处可见青砖民居建筑，彰显着曾经的繁华与鼎盛。自从弃用水运，这里随之废弃，到如今几成空城，满目萧条，虽然青山绿水依然如故。

新甸村现为福建省传统村落。

新甸村聚落垂直鸟瞰

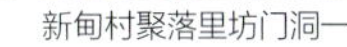

新甸村聚落里坊门洞一

新甸村聚落里坊门洞二

新甸村聚落宗祠广角

司前乡清溪村

从武夷山流出的甘冽溪流，在清溪村蜿蜒河谷这里突然变缓，清溪聚落在山脚一侧高处的三角地带营建；其间一条完整古街贯穿。古街从夫人庙穿过，与庙融为一体。夫人庙成为古街的中心，它由戏台、街亭及大殿构成，既独立成院，又融合为街巷，两侧门洞与古街衔接，分出上下街。街市道路满铺鹅卵石，街市两侧各有一排整齐的土木建筑，商铺密集，朝向古街。这是一处典型人神共居共荣的场所。

清溪村现为福建省传统村落。

清溪村聚落垂直鸟瞰

清溪村聚落近景鸟瞰

清溪村聚落商街

清溪村聚落夫人庙街亭

清溪村聚落街巷门洞

清溪村聚落近景局部

清溪村聚落街巷组图

司前乡长庭村

长庭村坐落在北溪上游支流盆地，这里位于武夷山西侧，群山连绵，山清水秀。长庭聚落呈分散式地随机分布在盆地侧缘的高台坡地，先后有杨、袁、罗、林氏族迁居此处。聚落建筑以独栋两层悬山两坡的土木民居为主，是近代的主要居住形式；其中有几栋合院式徽派风格大宅，以夯土抹灰山墙为主要风貌。这里属农耕人居环境，商业不甚发达，青砖建筑较少出现。

长庭村现为福建省传统村落。

长庭村聚落溪山毓秀古民居

长庭村聚落杨家古宅

长庭村聚落林家大院

白门楼村下山后聚落近景局部

止马镇白门楼村下山后

这里属于杉关关口商贸与军事文化辐射范围，离杉关较近，在止马镇郊区白门楼村有一个下山后聚落。这处聚落微小而精致，选址讲究，背靠山丘，在山坡上三四排逐渐展开，后方是翠竹屏障，眼前盆地阡陌如绿毯铺展，一派生机盎然的和乐人居景象。下山后小聚落是上百个光泽古代聚落的典型，属商贸发达地区徽派风格流行区域，这里的青砖徽派山墙做工一流，大小合院组合，有的是青砖与夯土结合，有的纯粹以青砖空斗墙工艺建造。

白门楼村下山后聚落宗祠

白门楼村下山后聚落垂直鸟瞰

白门楼村下山后聚落近景鸟瞰

镇江府正面鸟瞰

二、传统民居

光泽县的明清传统民居建筑主体属青砖建筑区的徽派风格，还有民国之后大量出现的独栋双坡悬山土木建筑。基于光泽水运码头浓厚的商业氛围及富裕程度，青砖建筑中有全部使用青砖构筑的合院民居，还有部分使用青砖，并结合闽北夯土技艺混合建造的民居建筑，纯木构建筑较少。

由于光泽是八闽边关的千年古县，理学兴盛，文风深厚，造就特殊的农商人文环境，这里的民居府邸建筑在古代应该不在少数，书中收录现存相对完好的府邸建筑三座，一座是山头关附近的“太史第”，一座是铁牛关附近的司马第，还有一座是茶市街的“大夫第”。除了府邸民居建筑就是富户的深宅大院，有的一进、有的两进，外墙基本都是用青砖构筑，内部雕梁画栋，用料硕大，这是光泽青砖民居建筑的主流，这里收录这种典型民居六座。

镇江府门楼

镇江府近景鸟瞰

镇江府二重内院

寨里镇山头村镇江府

福建与江西交界处的山岭连绵不绝，唯有关隘衔接。光泽山头关附近的山头村聚落，虽地处偏远，然地势如聚宝盆，这里山清水秀，人杰地灵。新丰聚落龚氏家族兴旺发达，嘉庆年间三兄弟连续进士及第，道光年间建了一座镇江府，又称“大夫第”或“太史第”。这是光泽县域唯一规模较大、保存完好的府邸式民居。镇江府民居空间如园林般布局，门楼与围墙一起构成外围防护，跨入精美的大门，直面一座类似北京四合院“倒座”的屋舍，顺着内围青砖防护墙墙根下的石砌笔直甬道，连接右侧主院门，路径幽静，两侧枣树荫蔽，竹林茂密；跨入前院大门，右侧高墙之内是前园，刚路过甬道的树

荫就从这个前园冒出；来到大门户，就开始了建筑的主要序列，大门呈“凹”字张开，高大而精致，跨入大门来到过厅，左右两侧各设一天井院落；经过过厅来到二进，中央最大天井收纳阳光，厅堂豁然矗立在主位，两侧厢房拱卫，并与围墙组合侧墙天井，共获得五个天井；后方是一处空置的后院，这应是第三进院落，如今屋宇无存，唯有围合的青砖高大墙体。这座府邸包括院落、围墙，皆是青砖建造，由于土质或烧制工艺的差异，青砖发白，不同于典型徽派建筑那种严肃凝重的风貌。

镇江府现为省级文物保护单位。

镇江府垂直鸟瞰

镇江府府门石造工艺

镇江府府门鸟瞰

镇江府府门远眺

镇江府府门一重内院

镇江府府门屋舍

镇江府一重内院甬

镇江府一重内院内景

镇江府二重内院侧门

镇江府青砖山墙细部

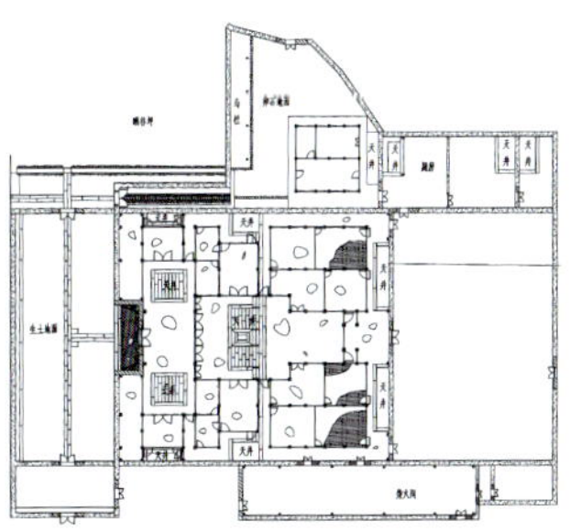

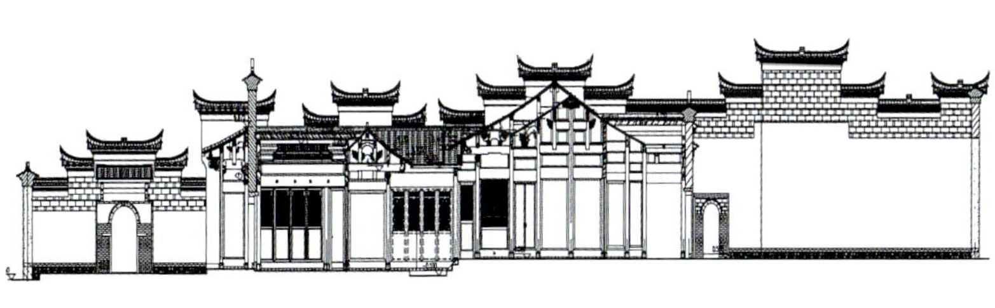

镇江府测绘组图

镇江府厅堂院落

镇江府门厅一

镇江府门厅二

镇江府厅堂前廊

镇江府木构梁架一

镇江府侧天井

镇江府木构梁架二

司马第正面俯瞰

华桥乡牛田村司马第

牛田村地处群山围绕且偏远的盆地之中，陈家聚落在北边入村处盆地边缘展开，其中有一座徽派山墙较低矮的两进院落，门楼匾额题刻“司马第”，在街巷完整的古巷一侧静卧，整体是青砖空斗墙建造。这座民居建筑曾是朱德与周恩来在 1932 年 11 月至 1933 年 10 月中央红军第四、五次反“围剿”斗争时的行营军事指挥所，当时，牛田村过往红军有数千人，本村参加红军的就有数百人，其中为国捐躯的烈士有 270 多人。建于清代的司马第是标准的方正合院民居，跌落式山墙坚固可靠，四水归堂式天井端方规矩，是一座典型的徽派青砖建筑，也是一个重要的红色文化基地，其外墙至今留有大字标语“武装拥护苏联”。

司马第现为省级文物保护单位。

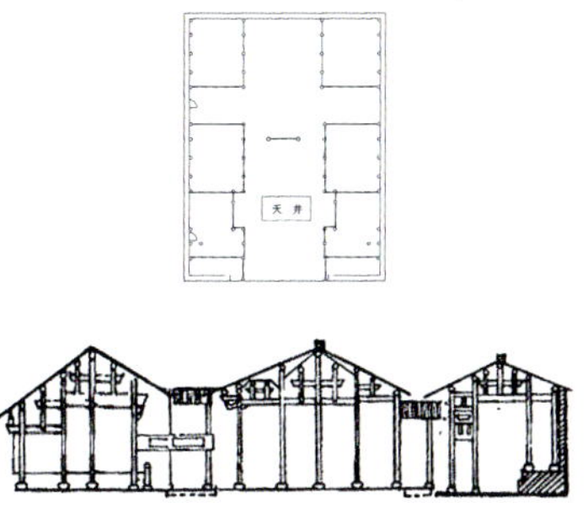
司马第测绘组图

司马第侧面俯瞰

司马第后方远眺

司马第青砖山墙与屋顶

司马第门楼

司马第青砖外墙标语

司马第红色基地石碑

司马第厅堂轩廊

司马第厅堂

司马第木构梁架

溪山毓秀正面鸟瞰

司前乡长庭村溪山毓秀

长庭村聚落位处武夷山群山围绕之中，建在一处盆地的山坡上，民居较分散。杨氏选址背靠山丘，面向宽阔盆地，营建一处较大的院落式民居建筑。这座民居应是清中期所建，前院设有独立门楼，青砖门楼完整，门匾青砖题刻“溪山毓秀”；跨入门楼来到一进前院，院落较大，两侧建有厢房；从中轴线进入二进院落，再逐层升高到三进院落，整体尺度较小，为清中期以前的型制。民居内部木构精美，用料扎实，外部封火山墙上半部用青砖围护，下半部裸露夯土墙体，山墙叠落体积精巧，屋面用大面积红缸瓦铺设，四周附属屋舍依附，一色古风古貌，完好保存，难得一见。

溪山毓秀侧面鸟瞰

溪山毓秀门楼

溪山毓秀门楼内院

溪山毓秀大门

溪山毓秀木构梁架

司前乡新甸村新甸街 80 号

在这个因水运商贸而兴盛，又因水运落潮而败落的聚落，新甸街古巷 80 号大宅是难得至今保留完整的青砖民居。这座古宅是典型的两进院落，外墙全部以青砖构筑，高大而古朴，特别是门楼部分，由于风水原因，斜向开向古街，细致的青砖面饰门面是难得的精品。古宅内部木构体系完整，用料扎实，做工讲究，特别是厅堂部位，雕梁画栋，十分精彩。这是光泽北溪水运枢纽节点，新甸村商贸胜景的惊鸿一瞥，可惜当下异常萧条，急需修缮保护利用。

新甸街 80 号民居正面鸟瞰

新甸街 80 号民居侧面鸟瞰

新甸街 80 号民居门楼

新甸街 80 号民居木构梁架

林家大院近景鸟瞰

司前乡长庭村林家大院

林家大院是长庭分散型盆地聚落内较大的一座民居建筑，处在狭长盆地边缘一侧凸出的坡地上，背靠案山，面朝宽敞盆地田野，居高临下，是住居选址的佳例。这座大宅两进深，整体尺度较大，应是清后期所建，前院狭长，二进天井狭小，屋顶硕大，徽派封火山墙高大，五层跌落造型，山墙都是夯土工艺建造，再抹灰，通体呈白色，没使用一块青砖。这是土木民居建筑的典型案例。

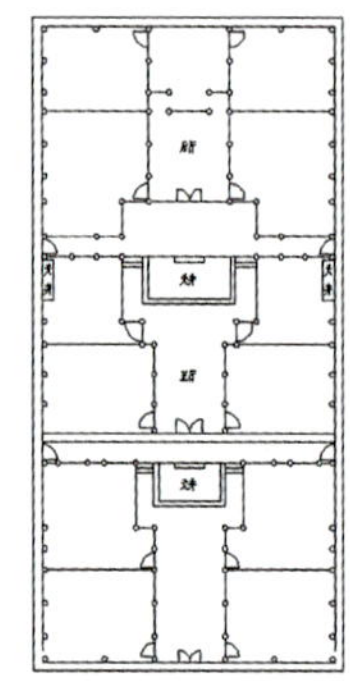
林家大院测绘平面图

林家大院垂直鸟瞰

林家大院侧面鸟瞰

杨家 7-1 号民居垂直鸟瞰

杨家 7-1 号民居门楼

司前乡长庭村杨家 7-1 号

由于是偏远山区，长庭村聚落保留着相对比较完整的传统民居。这座马路边已废弃的古宅杨家 7-1 号，是带有小天井的合院式方正形态，最为特别的是两侧靠着山墙分别建造了单坡附属用房；山墙采用类似屏南山区一带的“蜈蚣背”风格，而在正立面门楼却做徽派跌落式风格造型；门楼雨棚垂挂在夯土粉墙上，木构装饰特别细致与讲究，尤其是在两侧垂花栱部位；外墙完全以夯土技艺建造，墙面表皮全做抹灰保护处理。

杨家 7-1 号民居正面鸟瞰

杨家 7-1 号民居侧面鸟瞰

杨家 7-1 号民居木构梁架

杨家 7-1 号民居门窗

龚伦峰民居正面鸟瞰

龚伦峰民居门楼

龚伦峰民居山墙与屋顶俯瞰

华桥乡牛田村龚伦峰民居

牛田村龚氏是牛田村的大家族，也是全国龚氏族群的源头之一。这座龚伦峰民居建筑处在聚落中心，也是在风水环境最佳位置，后方紧靠一片风水林，前方右侧碧水溪流弯曲而过。这是一座较古老的徽派青砖建筑，典型两进合院，两个狭小天井，四组跌落山墙小巧而古朴，最特别的是在第一进天井横向建造了两个封火山墙，使得建筑第五立面造型更加丰富多样。

龚伦峰民居厅堂

龚伦峰民居木构梁架

龚伦峰民居木构梁架二

崇仁乡崇仁村福字楼

由于崇仁村与新甸村一样是水运商贸枢纽，这里形成街市已有千年，古代俨然是个小城池格局。这座福字楼就在城池中心位置，面向主干街市，两侧密集布满民居建筑，可见地块的金贵。福字楼是典型的两进院落，内部木构体系完整，用料做工特别讲究，第一进通过中间甬道分出两个石铺排水地坪，穿过厅堂来到第二进院落，中轴线设置一个亭屋面向高处寝堂，这是少见的设施，类似宗祠或寺庙里的戏台。这座传统建筑进深狭长，总体居住尺度宜人，木构做工简洁而有品质，是难得的精品。

福字楼厅堂院落

福字楼小天井

福字楼廊亭

福字楼屋角

福字楼特色木柱一

福字楼特色木柱二

福字楼厅堂

福字楼中堂

茶市街大夫第

茶市街是光泽古代的商贸中心，紧靠溪岸，码头林立，人来人往，街市繁华上千年，如同其他千年古城，如今业已衰败，无人问津。穿过层层街巷与坊门，核心位置藏着一栋清末期的大夫第，至今保留古风古貌，从未维修。大夫第是罕见的三进深格局，在街市狭长地块营造，与崇仁村福字楼类似；跨进第一进石造大门，是个前院序列空间，门楣题写“大夫第”，拾阶而上，前廊敞亮，厅堂高大三开间，各种梁架斗栱木构体系完整且用料上乘硕大；穿过厅堂来到核心院落天井，再拾级而上到达寝堂，穿过寝堂就是第三进的后院天井，这里设置女眷绣楼。

大夫第厅堂

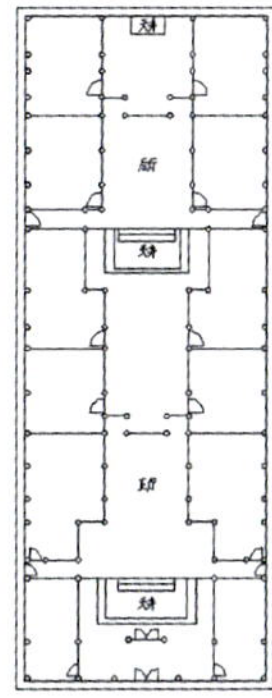

大夫第测绘平面图

大夫第木构梁架一

大夫第门匾

大夫第彩绘

大夫第神龛

大夫第木构细部

大夫第院门

大夫第木构梁架二

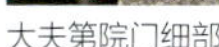

大夫第院门细部

裘氏家祠侧面俯瞰

三、宗祠家庙

徽派青砖建造工艺已成为光泽主流传统建筑的标配，特别是体现在宗祠家庙传统建筑上，不但体量高大，山墙耸立，而且门楼建造如织锦般雕琢，细致精美程度甚至超越徽派青砖建筑本身，有些方面还形成了自身特色。譬如，在宗祠建筑门面青砖雕饰方面，局部砖雕花饰使用一种红色涂料罩面，使得砖雕装饰画面感十足，厚重中透着华美；还有就是，在营造建造方面，跌落山墙运用了青砖砌筑与夯土夯筑结合的方式，特别是运用了闽北流行的桢榭夯土技艺。青砖与夯土结合的建造方式，在光泽民居建筑中常见，在宗祠家庙中，仅有山头村龚氏宗祠出现，其他宗祠家庙基本都是用青砖如铠甲般的全围护，当然，这种更花钱的建造方式更加坚固，因此保留至今的居多。我们在此收录了 18 座典型的基本保存完好的宗祠家庙。

崇仁乡崇仁村裘氏家祠

南宋理学集大成者朱熹提倡家族可设家庙，至明清时演变，又称作祠堂、家祠、宗祠等，这是儒家凝聚人心，以氏族为单位的拜祖先活动。特别是自北方南迁来到东南沿海边陲的汉人，越发重视与祖先的纽带关联，因此祭祀祖先的风气盛行，直至今日。千年光泽人居环境，在朱熹时代就洒下深厚的儒家理学种子，青砖徽派宗祠盛行。这座崇仁村的裘氏家祠就是其中的典型，“家祠”称谓也少见，古风深厚。裘氏家祠门楼造型高耸巍峨，对称五段分法，至尊至极，虽是青砖精心建造，而透着红色质地的色彩，使得其脱离一般家祠沉重而严肃的氛围，特别是山墙也是用这种色彩的砖构造，使得三进院落熠熠生辉。

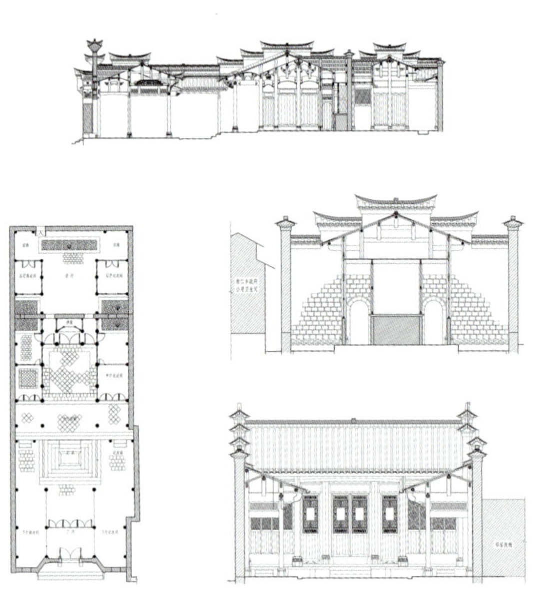

裘氏家祠测绘组图

裘氏家祠门楼全景

裘氏家祠
喜結良緣
一世良緣同地
严禁烟火

裘氏家祠门楼细部

裘氏家祠厅堂

裘氏家祠院落

裘氏家祠门匾

裘氏家祠门楼

黄氏家庙门楼全景

崇仁乡洋塘村黄氏家庙

“从前各族宗祠无几，近数十年，凡聚族而居者，城乡多各建祠。春秋祭祀，序昭穆，崇功德，敬老尊贤，颇有追远睦族遗意。”（清初《光泽县志》）这是经历战乱后稳定的清初期光泽人文环境，它首先体现在能反映族群子孙兴旺发达的宗祠传统建筑上。这座黄氏家庙周边村落虽已荡然无存，但是家庙依然绽放在田野之上，背景就是雄壮的武夷山脉；这座家庙体积小巧，呈不规则形院落，应是与周围街巷的用地有关，可见当时人烟密集。黄氏家庙最为精彩的是五段式至尊造型，中央耸立华美门楼，两侧设拱券侧门，分别题刻“礼门”与“义路”，整座建筑工艺高超，青砖雕刻细腻流畅，具有一种技艺超群的艺术美，给人一种愉悦的享受。

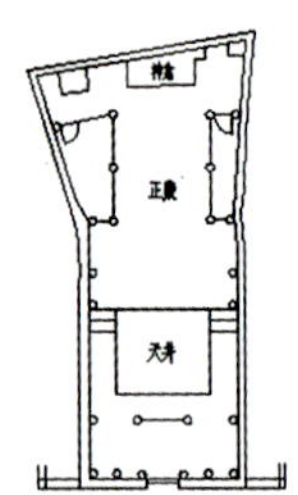
黄氏家庙测绘平面图

黄氏家庙垂直鸟瞰

黄氏家庙侧面鸟瞰

黄氏家庙远景鸟瞰

義路

黄氏家庙近景俯瞰

梁氏宗祠正立面

崇仁乡洋塘村梁氏宗祠

与黄氏家庙并排的这座梁氏宗祠显然是清后期的产物，体量硕大，门楼简易，青砖包裹全身，矗立在荒野天地间，依然坚韧地诉说着一个家族的历史。梁氏宗祠是非典型性的徽派风格传统建筑，主要在于其中间厅堂硬山山墙与坡屋顶一致而呈“人”字形，第二进院落木构架已坍塌空置，无法判断，第一进是个完整的天井院落，门楼、门厅是做工讲究的徽派风格青砖建造。

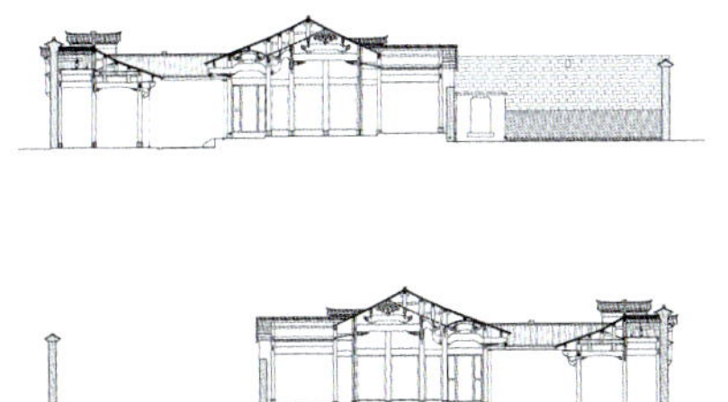

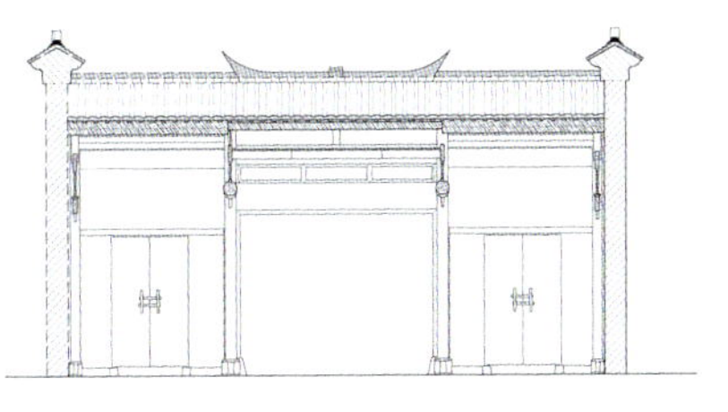

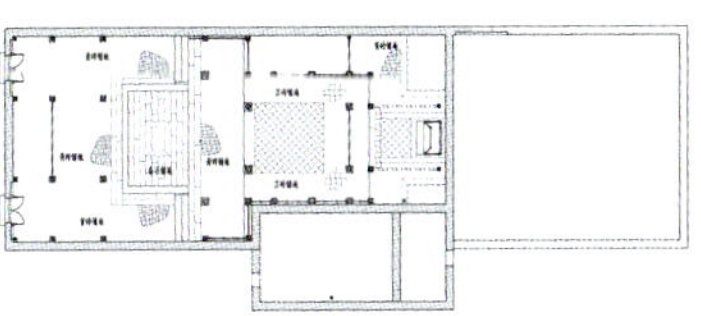

梁氏宗祠测绘组图

梁氏宗祠垂直鸟瞰

梁氏宗祠正面鸟瞰

梁氏宗祠侧面鸟瞰

梁氏宗祠寝堂

綱常重地
僾然其位

黄氏宗祠正立面

止马镇亲睦村黄氏宗祠

黄氏宗祠背靠山丘，面朝溪流，在一处坡地上建造，位处聚落边缘一侧，是一处精心选址的风水佳地。这座宗祠建筑规模较大，由一主一副两座建筑组成，依山势而建，层层升高，两进院落，仪式感强烈。来到门前宽大广场，宗祠气派非凡，大门五段式徽派跌落立面，粉墙红瓦，红底青砖饰面，中间一方正大门，两侧拱券侧门，竖向连接两个拱券坊门，与左右古道衔接；跨进大门，穿过戏台，来到第一进院落，尺度较大，木构体系用料做工一流，越过厅堂就是寝堂，屋宇轩昂，两侧山墙都以青砖构筑，寝堂山墙是跌落山墙，中间厅堂是“人”字山墙，与门楼戏台跌落山墙衔接，整体造型富有变化。

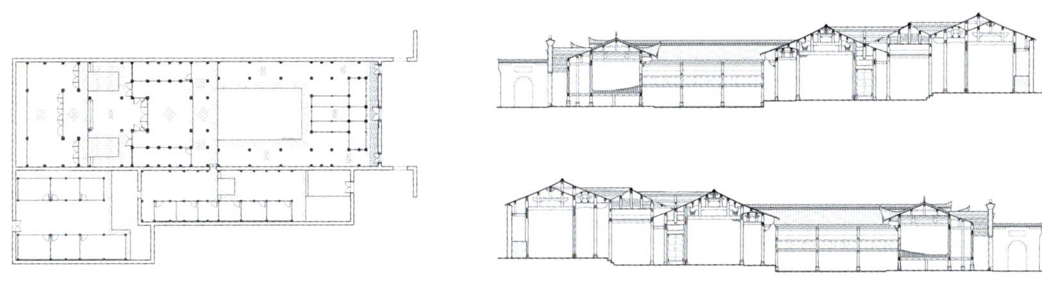

黄氏宗祠测绘组图

黄氏宗祠近景俯瞰

黄氏宗祠垂直鸟瞰

黄氏宗祠坊门情景

黄氏宗祠坊门透视

黄氏宗祠寝堂透视

祠宇焕新唯期光前裕后
追緬祖德峭蓋一脉源流遠

黄氏宗祠正面俯瞰

黄氏宗祠内院一角

黄氏宗祠厅堂局部

黄氏宗祠戏台彩绘

宗祠建筑垂直鸟瞰

宗祠建筑门楼

止马镇岛石村宗祠（157 号）

岛石村是个中心村落，人口密集，宗祠众多，是杉关附近徽派风格建筑集中地，岛石村 157 号是其中一座较大型的三进传统建筑。这座宗祠依然保持古风古貌状，在古街巷一侧矗立，几乎没有维修。由小巷来到这座宗祠，大门采用经典的五段式青砖构筑，仅在正面两侧设青砖拱券大门，门面青砖饰面精细，刻画或人物或龙凤或花卉或神怪，琳琅满目；跨进大门，中轴线前端设天井，替代常见的大门，两侧以风雨廊与戏台前厅相连；跨过戏台前厅来到厅堂中心院落，两侧连廊围合，尺度较大，厅堂或作议事或作红白喜事活动场所，在明清之际功能业已成熟；穿过厅堂就是寝堂，祖先牌位在尊位，神龛案几直接用青砖构筑，且雕刻精美图案，难得一见。整座宗祠木构体系保存完好，用料硕大，两侧高大山墙是标准的徽派青砖风格，具有文物价值。

宗祠建筑正面俯瞰

宗祠建筑门楼青砖细部组图

宗祠建筑青砖山墙

宗祠建筑青砖拱券门

宗祠建筑天井院落

宗祠建筑一进天井

宗祠建筑厅堂

宗祠建筑大门

宗祠建筑天井一角

宗祠建筑青砖神龛案几组图

止马镇岛石村朱氏宗祠

在山谷盆地边缘的聚落一侧，这座朱氏宗祠面向广阔田野，拥有一处风水佳地，空间礼仪秩序由下往上层层高升，也表现在醒目的大型徽派青砖风格造型上。宗祠大门开在第二进左侧，总进深三进院落，第一进是个前院，两侧开青砖拱券门洞，前方在类似影壁位置做别致的户牖漏窗；跨过前厅戏台，来到核心院落，二进院落较宽大，两侧连廊围合，高处厅堂位居中央；越过厅堂进入寝堂院落，中间大连廊类似亭榭，分出两侧小天井，寝堂神龛一字排开，构筑华丽的青砖案几，并雕刻精细图案，祥云瑞兽如织锦。这是一座典型的徽派传统建筑，三组跌落青砖山墙高大巍峨，比例匀称，造型富有动感，节奏感强烈，极具识别性，与周边人居环境完美融合。

朱氏宗祠垂直鸟瞰

朱氏宗祠近景鸟瞰一

朱氏宗祠侧面鸟瞰

朱氏宗祠大门

朱氏宗祠寝堂

朱氏宗祠近景鸟瞰二

朱氏宗祠青砖细部组图

朱氏宗祠正面俯瞰

朱氏宗祠天井俯瞰

高氏宗祠门楼

高氏宗祠内院

高氏宗祠青砖雕饰一

止马镇岛石村高氏宗祠

这座宗祠在聚落街巷之中，周边青砖墙体依然坚固矗立，内部木构体系已尽毁，仅在前后建造新的厅堂与门厅，屋顶用红色现代材料瓦顶，与青砖色调及工艺不太协调。高氏宗祠最为耀眼的是“八”字青砖大门楼，尺度硕大，做工极其讲究，保存完好。

高氏宗祠青砖雕饰二

高氏宗祠青砖雕饰三

高氏宗祠青砖雕饰四

高氏宗祠青砖雕饰五

上官劲庵祠垂直俯瞰

上官劲庵祠门匾组图

上官劲庵祠题刻

李坊乡石城村上官劲庵祠

这是一处较独立的传统建筑，与古村肌理没有明显的有机联系，背靠竹林茂密的山丘，在缓坡上营造，符合礼仪祭祀秩序，徐徐展开，烘托着一种肃穆的氛围，是一座进深颇大的宗祠建筑。宗祠正面上方正中，在青砖墙上镶嵌“上官劲庵祠”，“上官”姓氏合二为一雕刻，刚好四个大字阴刻在四块密实的青石板上，显得韵味十足，两侧青砖拱券大门门楣同样镶嵌青石板，分别阴刻“亲亲”与“长长”，这种儒家文采思想的组合比较少见，富有创意。这座祠堂全身青砖包裹，厚重而坚实，大三进进深，典型徽派青砖山墙，在竹树与绿草衬托下更显苍劲十足，保持固有古风古貌，具有重要的文物价值。

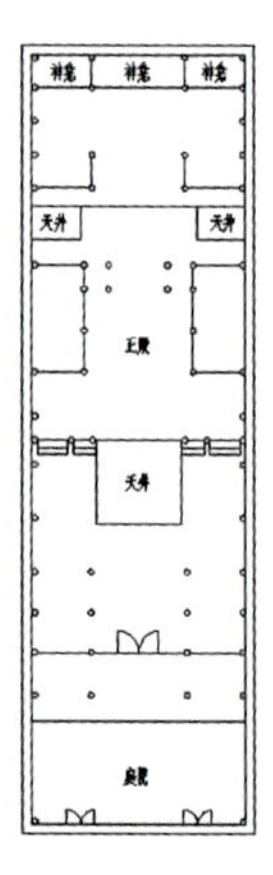

上官劲庵祠测绘平面图

上官劲庵祠侧面俯瞰

上官劲庵祠近景鸟瞰

上官劲庵祠局部俯瞰一

上官劲庵祠局部俯瞰二

上官劲庵祠大天井

上官劲庵祠寝堂

上官劲庵祠小天井

上官劲庵祠寝堂木构仪式门组图

上官劲庵祠神龛

上官劲庵祠院落

上官劲庵祠中堂

邓氏宗祠门楼

李坊乡百岭村邓氏宗祠

在杉关商贸与文化通道的辐射下，光泽西部西溪水系周边出现典型的徽派青砖建筑，特别是自朱熹理学播种此地，儒家文化再次重生于宋，光大于明清，汉人氏族群体从中原播散开来，遗落在福建丘陵地带，家庙、祠堂、宗祠遍地开花。这处山岭小盆地自守一处纯粹的农耕氏族小社会，邓氏群体晴耕雨读的生活规律体现在这座邓氏宗祠上，这是清时期儒家余辉最后的返照。邓氏宗祠门楼五段式跌落，如同徽派侧面山墙一样巍峨，主堂山墙则是朴质简约的“人”字造型，更符合耕读人居人文环境的面貌。

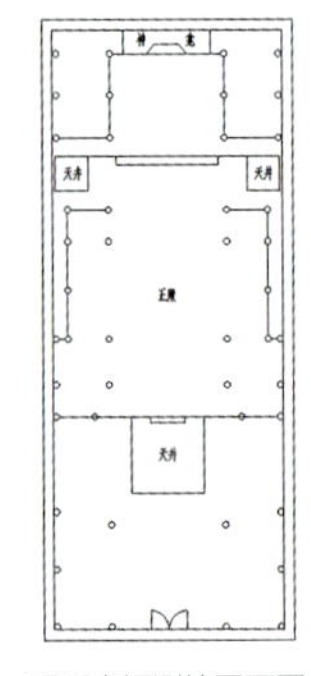
邓氏宗祠测绘平面图

邓氏宗祠正面俯瞰

鄧氏宗祠

邓氏宗祠侧面俯瞰

邓氏宗祠垂直鸟瞰

邓氏宗祠大门

邓氏宗祠神龛

邓氏宗祠天井院落

曾氏家庙门楼

李坊乡管蜜村曾氏家庙

管蜜村聚落人烟密集，位处西溪上游缓流盆地，曾氏家庙坐落在聚落当中，体量硕大，地位显赫。曾氏家庙是标准的三进院落，第一进是个前院，衔接街巷，从拱券两侧大门进入，门楼高大，气宇轩昂，歇山屋顶起翘幅度较大，如翼似飞，与门廊一样为纯木构建造，门楣题写“崇原敦本”四个大字，黑红搭配，典雅大气；跨过门楼进入二进大院落，厅堂屹立眼前，木构架林立，用料扎实，一律以红色油漆，彰显祭祀氛围；越过厅堂就是寝堂院落，中间以亭廊连接，两侧分出小小天井，寝堂高高在上。

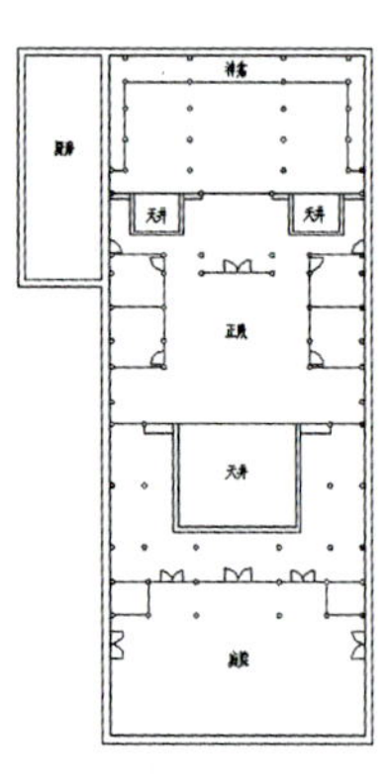

曾氏家庙测绘平面图

曾氏家庙正面鸟瞰

曾氏家庙垂直鸟瞰

曾氏家庙门楼特写

曾氏家庙中堂

陈氏宗祠侧面远眺

陈氏宗祠厅堂

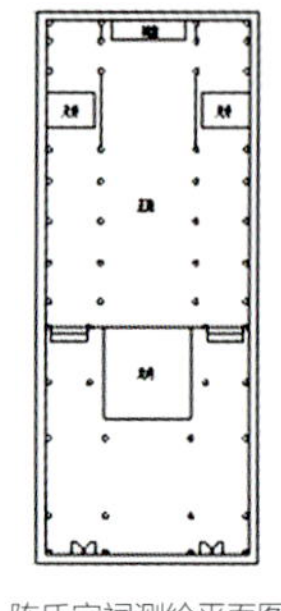
陈氏宗祠测绘平面图

寨里镇官桥村陈氏宗祠

在官桥村大路边，背靠山丘有座陈氏宗祠，仅有一进院落天井，但体形不小，全青砖外墙建造，两组徽派山墙耸立，整体古朴沧桑，宗祠内部似乎废弃已久，蝙蝠挂满整个屋顶房梁，晦气熏天。官桥陈氏宗祠正面简洁利落，砖墙空斗砌筑，五段式典型的跌落山墙造型，两侧拱券大门，分别镶嵌题刻“率仁”与“践义”的石板，中间题刻“陈氏宗祠”四个红色大字。宗祠内部前方设戏台，后方是厅堂，木构架做工一流，雕梁画栋，进深较大，保存完好，没有维修，文物价值较大。

陈氏宗祠正立面

陈氏宗祠鸟瞰局部

陈氏宗祠木构梁架

龚氏宗祠近景俯瞰

寨里镇山头村龚氏宗祠

山头村新丰聚落是这处边关盆地较大的聚落，龚氏是这一带的名门望族，耕读传家，在清代连续三进士及第，虽处偏远边关，但农耕文明的乡绅自治行为一样可以鲤鱼跳龙门，实现自我价值，这处龚氏宗祠就是实物见证之一。龚氏宗祠建在聚落边缘一处小山坡上，由下而上顺势展开，典型三进深，前后青砖构筑，两侧硬山山墙下部夯土，上部青砖，且三组山墙形态各异，一组徽派风格，一组“人”字造型，还有一组是在闽东北常见的弧形山墙，造型优美，富有变化。

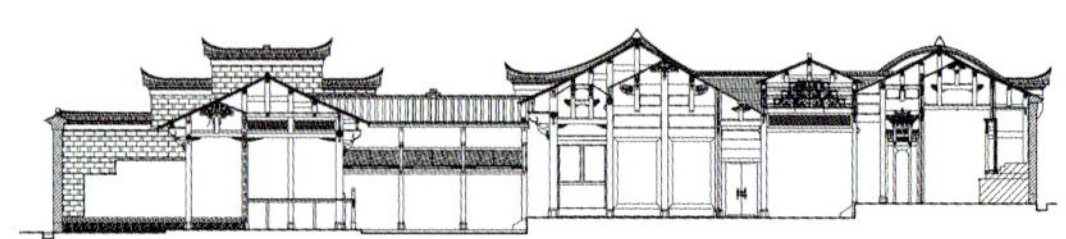

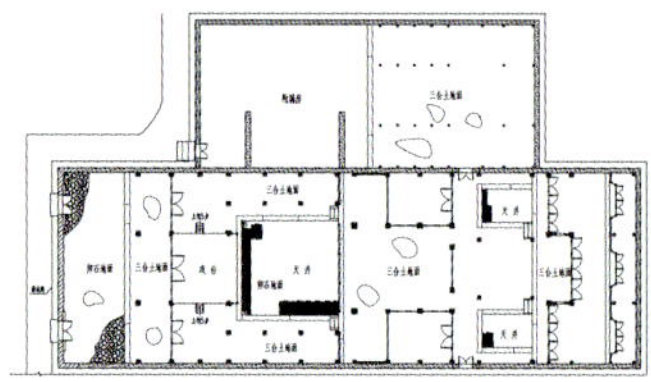

龚氏宗祠测绘组图

龚氏宗祠侧面俯瞰

龚氏宗祠垂直鸟瞰

龚氏宗祠院落一角

龚氏宗祠中堂神龛

饶氏宗祠题刻

寨里镇梅溪村饶氏宗祠

在山谷边沿台地上，这座体量较大的饶氏宗祠比较显眼，宗祠通身青砖建造，徽派风格山墙造型丰富而优美。这座宗祠由主体建筑与两侧附属院落构成，这种格局少见；两侧附属院落山墙的规格、格调与主体建筑相同，不同的是造型更加巧妙与精致，使得建筑侧立面如山峦般起伏多变而活泼有趣。可惜的是，对称的左侧院落已基本坍塌，所有屋顶已被替换，当下仅覆盖现代材料做些暂时的保护与利用。

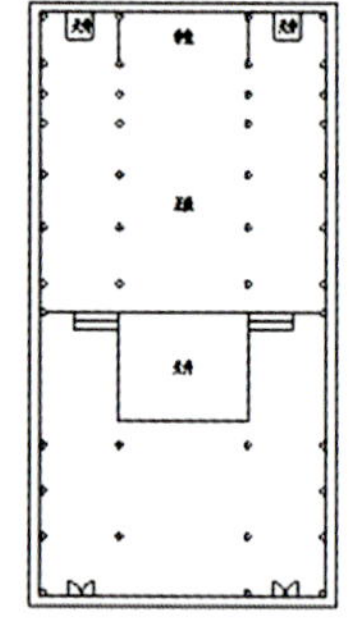

饶氏宗祠测绘平面图

饶氏宗祠近景俯瞰

饶氏宗祠门楼

饶氏宗祠侧面青砖山墙

饶氏宗祠院落

饶氏宗祠青砖拱卷

饶氏宗祠木构梁架

寨里镇山坊村何氏宗祠

何氏宗祠在山坊村的石枧聚落，这是一个山岭盆地分散型聚落，各个自然村相距较远，每一个小聚落就是一个氏族据点。这座何氏宗祠左侧紧靠山岭，右侧湍湍溪流绕过，平面呈不规则形态，适应地形而建造。从马路一侧进入梯形前院，一进为合院格局，前方是门楼与戏台，后方是寝堂，左右风雨连廊围合，侧面山墙用夯土与青砖结合建造，溪流一侧山墙现已坍塌，裸露出青砖空斗墙的构造与夯土断面，这是建造技艺上难得一见的剖面结构。

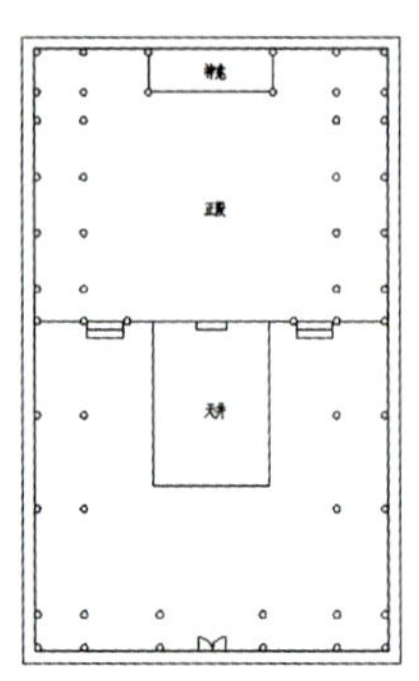

何氏宗祠测绘平面图

何氏宗祠青砖门楼

何氏宗祠远景鸟瞰

何氏宗祠垂直鸟瞰

何氏宗祠寝堂神龛

何氏宗祠柱础

王氏宗祠近景俯瞰

寨里镇山坊村王氏宗祠

在山坊聚落核心区的古街巷上，坐落一座外墙全青砖构筑的传统建筑，与其他独栋土木传统建筑形成强烈反差，这是山岭聚落的典型面貌，也是纯农耕生产生活的写照。这座王氏宗祠体量较小，从前方石埕院落进入侧向的大门，大门似乎镶嵌在平整的青砖墙面上，简洁而明确，跨入大门直接入天井院落，抬头就是寝堂，外部山墙耸立，徽派风格造型，一侧山墙可惜已坍塌。

王氏宗祠正面鸟瞰

王氏宗祠门楼

王氏宗祠寝堂

寨里镇茶富村邱氏宗祠

茶富村在两溪汇流处的月牙形盆地上，古时商贸发达，成就了这个北溪上游的聚落，邱氏宗祠在盆地高处地带聚落一侧，面朝田野，溪流环绕，背靠山丘，竹林茂密，是一处风水佳地。邱氏宗祠体量硕大，两进围合，一侧保存附属院落，外墙通身包裹青砖；前方是一个前院入口序列，设两个拱券门洞，进入前院，中间设大门，门楣镶嵌的青石上题刻“邱氏宗祠”，字体醒目而劲道；跨过门厅进入大院落，寝堂赫然矗立眼前，两侧山墙以跌落式与“人”形相结合，左侧附属院落做两组徽派山墙，尺度宜人，使得这个侧立面造型丰富而优美。

邱氏宗祠侧立面俯瞰

邱氏宗祠垂直鸟瞰

邱氏宗祠门楣题刻

邱氏宗祠拱券大门

邱氏宗祠木构梁架一

邱氏宗祠木构梁架二

陈氏宗祠侧面鸟瞰

华桥乡牛田村陈氏宗祠

在靠近江西铁牛关附近的较偏远山岭有个大型盆地，古时人们多是为了避难来到此地，这里开垦出良田千亩，溪流环绕而过，鸡犬相闻于人烟聚落之中，在水尾的陈家组聚落临溪营建这处陈氏宗祠。这里也曾是红军驻扎的地方，周恩来与朱德在陈氏司马第居住近一年，盛时有上千红军过往，聚落的人们响应号召入伍，上百人成为英勇的烈士，这座陈氏宗祠可做见证。如今，陈氏宗祠修葺一新，粉墙黛瓦，临溪而立，拥有一个不规则前院与两进大院，还带有一侧院及附属用房。

陈氏宗祠正面俯瞰

陈氏宗祠透视

陈氏宗祠院落门楼

陈氏宗祠建筑门楼

龚氏家庙侧立面

华桥乡牛田村龚氏家庙

牛田村的龚氏聚落在葫芦状盆地的上游端头，在聚落古街巷的端头矗立一座如殿堂般的龚氏家庙，这是一座新修的大型家庙，是全国龚氏族群发源点之一。龚氏家庙大门楼是三层歇山顶，阁楼型制规格，巍峨高大，气宇轩昂，门廊龙柱缠身，朱红大门，仪式感十足；跨入大门，就是第一重院落，左右钟鼓楼矗立，院落宽敞；穿过厅堂来到第二进院落，端头是高高在上的寝殿，放眼望去，一色朱红柱林，雕梁画栋，气派非凡。

龚氏家庙正面俯瞰

龚氏家庙龙柱

龚氏家庙正立面

龚氏家庙阁楼

龚氏家庙一进中堂

龚氏家庙二进寝堂

龚氏家庙木构间架

齐天庙远景鸟瞰

四、寺庙宫观

光泽虽山清水秀，山岭连绵，但寺庙宫观相对较少，这可能与这处古时是流动性的边关战略要地及商贸主流环境有关。神灵居所好建在清幽偏远之地，特别是出世与修行的佛家、道家，相较而言，宗祠供奉的祖宗神灵在光泽受到的重视程度非同一般。这里拣选七座有代表性的寺庙宫观建筑，规格大小形态各异，有的类似宗祠，有的是独栋大坡顶，有的是殿堂式，有的仅是一个山洞。

齐天庙近景俯瞰

鸾凤乡饶平村齐天庙

齐天大圣源自福建顺昌县元坑古镇，这里遍地是齐天大圣庙，传说古时猴群成灾，人们为了和谐相处，会不定时投喂食物，后来猴群逐渐成为护佑一方的神灵，之后才有《西游记》，据说吴承恩曾来元坑采风。齐天大圣是忠、勇、明、义精神的化身，齐天大圣庙因此在闽江上中游一带盛行开来，这座光泽的齐天庙就是其中的典型代表。饶平村齐天庙规模较大，坐南朝北，背靠一处优美的竹林山岭，以传统宗祠建筑格局为建造蓝本，左右各两组徽派山墙耸立，戏台与拜亭建造得异常精美，特别是屋顶尺度拿捏得尤其到位，与周边完美融合，构建一处绝妙的庙宇氛围。

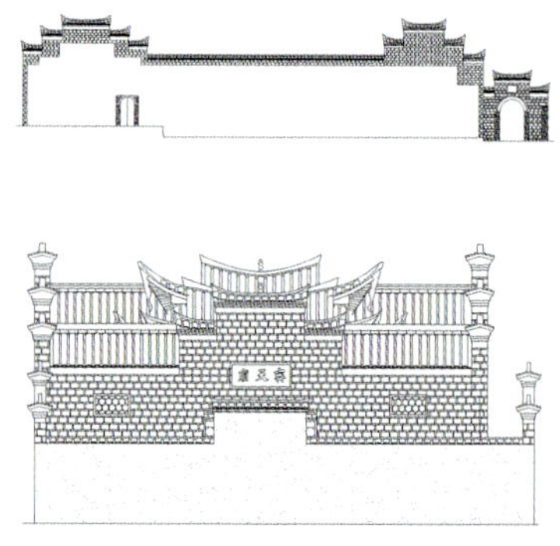

齐天庙测绘组图一

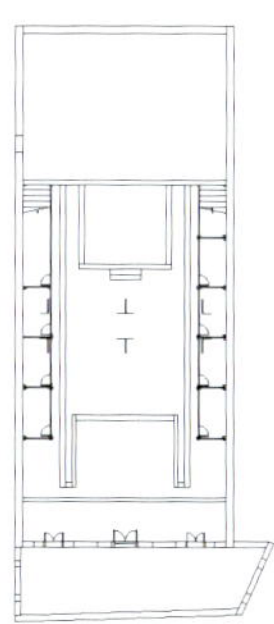

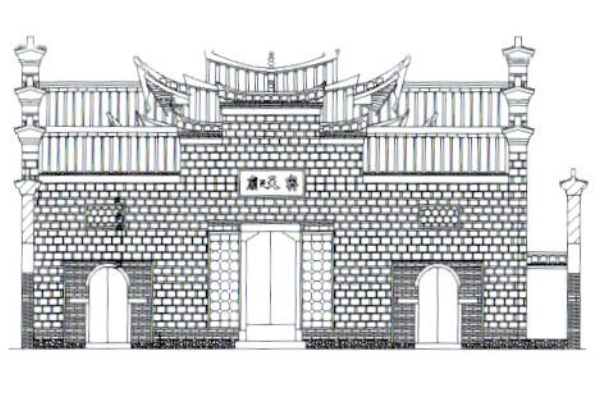

齐天庙测绘组图二

齐天庙垂直鸟瞰

齐天庙门楼

齐天庙坊门

齐天庙正面俯瞰

齐天庙拜亭俯瞰

齐天庙戏台框景

齐天庙拜亭内景

鸾凤乡中坊村齐天大圣庙

这座齐天大圣庙在中坊村的街巷里，与民居群落融为一体，不容易发现，若仔细观察，可以看出区别，虽然是通身裹青砖，但大门山墙比较气派，典型五段式跌落造型，中间方正大门，门楣上竖向镶嵌青石板，两侧拱券门洞，尺度宜人，做工精美。跨入大门，正好赶上人们做祭祀活动，大殿下人头攒动，喜庆热闹，与神共乐；天井院落两侧，两层廊屋构成楼座，人们面向门楼内戏台观赏一场大戏，戏台称作“和顺台”。

齐天大圣庙门楼

齐天大圣庙近景鸟瞰

齐天大圣庙天井院落

齐天大圣庙神龛

齐天大圣庙大殿

齐天大圣庙戏台

樟王庙正面

鸾凤乡中坊村樟王庙

樟王庙是一处在高台上新建的庙宇，殿堂式型制，大台阶拾阶而上，由门楼、大殿及周边屋舍组合成方正合院建筑，大殿是重檐歇山顶，整体体量硕大，这在光泽地域比较少见。

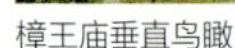
樟王庙垂直鸟瞰

樟王庙近景鸟瞰

樟王庙门楼

樟王庙神龛

樟王庙大殿

夫人庙近景俯瞰

夫人庙街巷拱门

夫人庙大门一角

夫人庙戏台轩廊

司前乡清溪村夫人庙

清溪村的核心就是夫人庙，古街巷穿越夫人庙。夫人庙由正殿、戏台及街亭构成，中间大街亭如巨伞耸立在正殿与戏台之间。街亭是九脊歇山顶，两侧是两层单坡戏楼，前后两个主体建筑皆是“人”字屋顶，红缸瓦覆盖如鱼鳞，墙面通体青砖构筑。戏台木构转角斗栱工艺一流，各种撑栱与斗栱雕饰精美，梁架体系用料硕大，朱红与墨黑色调，彰显古风幽深。正殿称作“清溪殿”，又名“太妃宫”，供奉着陈、林、李三位夫人，护佑一方人丁兴旺。

夫人庙对望街亭与戏台

夫人庙街亭框景

夫人庙戏台转角梁柱装饰

夫人庙街亭转角梁柱装饰

夫人庙木构装饰

万寿宫顶棚木构梁架

万寿宫木构梁架雕饰

城关文昌路万寿宫

在离西溪溪岸不远的城关文昌路上，有座万寿宫，始建于宋，规模高大，现已废弃，但仍掩饰不住曾经辉煌时期的古风古貌。由于光泽水运发达，商贸兴盛，由商人群体倡导兴建的万寿宫，供奉精通水利的许真君，护佑水运顺昌，后来万寿宫成为了光泽商贸中心，或聚会或交易，甚至还有解决纠纷及中介服务等商业功能，是光泽曾经作为边关商贸中心的缩影。如今在残垣断壁中仍可欣赏到万寿宫硕大的木构体系，还可见式样经典的雕梁画栋木构。

万寿宫拱门组图

万寿宫木构梁架

李坊乡石城村洞光岩寺

洞光岩寺是以一块洞穿的巨石做穹隆的寺庙，巨石横卧在一个石头山顶大平台上，亿万年的红色岩石如从天外飞来，造就这处奇特自然景观，自古以来令人们流连忘返。在这里可观日出、可看日落，阳光穿越洞穴，甚是壮观。这也是一处念佛吃斋的好地方，人们利用地势围合这处寺庙，面向东面拓展平台，再建造屋舍延展洞穴空间，一时间成为一处绝佳人文景观，现如今倚靠山洞建造的屋舍已废弃，仅留下神龛。

洞光岩寺土地庙

洞光岩寺侧面近景

洞光岩寺正面近景

洞光寺山门

洞光寺沿路小庙

洞光寺大门

李坊乡石城村洞光寺

在离洞光岩不远的小山丘上，这里建造了一座新的寺庙洞光寺，这是从洞光岩山洞搬迁而来。洞光寺曲径通幽，拾阶而上，路过一牌坊，经过一小庙，就到了山顶的大殿，大殿为独栋纯木构传统建筑，融入山林，是一处幽静的好去处。

洞光寺近景一角

自杉关山岭通道向福建眺望

五、关隘廊桥

光泽自宋建县以来，格局基本未变，主要是山岭界限较为清晰，可开荒作居住的地方不是太多，特别是与江西交界的连绵山岭，成为省际的天然界限，也成为自唐以来入闽的战略要冲。从最大的杉关可大军压境，攻破杉关便如入无人之境，沿着富屯溪顺流而下，取建阳攻福州而定八闽，闽江两岸皆为囊中之物。除了杉关大通道之外，光泽境内还分布大大小小 8 个关口与 13 个隘口，大多是步行的羊肠小道，在易守难攻的咽喉狭窄之地设关门或隘门，以石构砌筑，衔接古道，这些是军事偷袭的好地方，却不是大军压境入闽的优先选择。此外，还有溪流之上两座保存完整的廊桥，难能可贵，一并收录。

杉关

止马镇的杉关遗址位处江西黎川县与福建光泽县之间的杉岭上，始建于唐广明元年(880)，素有“瓯闽西户”“表裹江闽”“闽西第一关”之称，千年来长期有重兵把守，特别是明清之际，修城墙筑关门建兵营，逐渐在附近也形成了商贸街巷与聚落。太平时期，关内的光泽受惠于流动的商贸；战乱时期，光泽守备方闭关锁钥，以农耕为主，杉关及其他关隘对这里的人居环境影响深远。曾有诗歌咏叹：“清风匹马度杉关，满目云烟草树间。短发萧跌天外客，劳魂仿佛梦中山。村砧晚逐西风急，塞雁寒随落照还。浊酒深杯聊自劝，恐惊猿鹤怨衰颜。”（元 · 危德华《元宵杂咏》）

杉关遗址石碑

杉关楼阁题刻

杉关要塞路牌与题刻

杉关要塞城墙

杉关路牌

杉关楼阁近景俯瞰

闽赣雄关
消防安全"四个能力"建设

杉关山岭通道地势与聚落

杉关聚落关口通道

杉关聚落青砖传统建筑一角

杉关聚落青砖传统建筑正立面

从杉关山岭通道眺望江西

杉关通道聚落垂直鸟瞰

杉关聚落民居院落

杉关聚落街景抱鼓石

杉关聚落合院民居建筑

铁牛关

铁牛关至今保存较好，这里曾是太平天国名将石达开破关入闽进军福建的地方。铁牛关始建于唐，位于华桥乡铁关村，坐落于海拔 650 米的铁牛岭之上，关内外环境险峻，怪石嶙峋，峭壁笔直，易守难攻，至今石筑的关门固若金汤，门洞仅容一辆马车出入，石砌工艺一流，严丝合缝，与城垣构成一道军事重地，关门赫然题刻“铁牛关”三个遒劲大字，素为闽赣通道的咽喉要塞。

铁牛关遗址全景（楼建龙提供）

铁牛关遗址关口通道（楼建龙提供）

铁牛关遗址石造门洞（楼建龙提供）

铁牛关遗址门楣题刻（楼建龙提供）

马铃关遗址关口通道（楼建龙提供）

马铃关

马铃关在光泽北端，关口南北向，屹立在两峰对峙间，在一个狭隘的地方设关门，群山峻岭在周边一眼望不到边。这个关口的名称据说有段典故，在马铃关不远处有个跑马岗，这里常常发出马铃声声，人们传说这是穆桂英在此剿匪时留下了马铃，特别是在攻击者来到关口时，就会响起马铃声，敌人就不敢冒犯，这是一种护佑愿景的神话，富有人文色彩。马铃关关口遗址始建于唐，至今保存较好，密实石条拱券的关门依然坚固如初，与两侧城垣构筑一道铜墙铁壁的军事要塞，关口内外附近有天竺山与朱稠山聚落。

马铃关遗址石拱门洞（楼建龙提供）

马铃关遗址拱券工艺（楼建龙提供）

火烧关

火烧关尚存关门、城墙及营房遗址，石条方框门洞如合院门户大小，在光泽北部边界山岭建造，海拔 751 米，属太银村关上聚落，与杉关类似，有聚落依附，民居与要塞并存。

火烧关遗址石砌门洞（楼建龙提供）

火烧关遗址关口通道（楼建龙提供）

山头关遗址关口通道（楼建龙提供）

山头关

在山头村盆地西北不远的山岭，山头关遗址面向江西冷水乡桂港村，海拔 440 米，关门已残缺不全，条石垒砌而成，石砌城垣遗址总长 580 米，东南长 500 米，西北长 80 米，以土石混合建造。

山头关遗址附近聚落牌坊（楼建龙提供）

山头关遗址石砌城垣（楼建龙提供）

山头关遗址石砌门洞残墙（楼建龙提供）

鸭母关

鸭母关在光泽北端，因山岭呈母鸭伸颈呷水状而得名，海拔 750 米，属武夷山脉，这里古时是光泽通往江西铅山县的交通要道，古道两侧有路亭可歇脚。如今关口已废弃不存，悠悠古道已淹没在荒草之中。

鸭母关遗址关口通道（楼建龙提供）

鸭母关遗址路亭一（楼建龙提供）

鸭母关遗址路亭二（楼建龙提供）

鸭母关遗址古道（楼建龙提供）

云际关遗址残墙（楼建龙提供）

云际关遗址古道一（楼建龙提供）

云际关遗址古道二（楼建龙提供）

云际关

云际关始建于宋，位于光泽北端边缘，常年云雾缭绕，因名云际，意为高与云齐。这里高山巍巍，古道崎岖，树高林密，古人曾有诗形容："凌空石蹬三千丈，匝地瑶林百万花。自有眼来方见此，直疑身已到仙家。"如今云际关基本废弃，关口无存，只有悠悠古道相伴。

云际关遗址关口通道（楼建龙提供）

承安桥廊桥全景透视

鸾凤乡油溪村承安桥

光泽北溪支流油溪发自武夷山脉，水质清澈，溪面在油溪村缓慢而宽阔，在山谷盆地上蜿蜒流淌，河面之上架构一座结构奇特的廊桥，沟通两岸古道，与田野、聚落、河流及古树共同构成光泽难得一见的自然与人文景观。这座油溪承安廊桥又名七星桥或夫妻桥，始建于明，体量硕大，高高横卧水面，用五座石砌大石墩托举，之上架构十层原木，如叠罗汉般层层构筑，逐层悬挑式承托廊屋，一侧设庙宇，一侧高缓坡台阶，矗立在眼前。廊屋地面在层叠原木的横竖相叠上，先做一层夯土，再以鹅卵石铺就，坚固耐久，结构设计合理巧妙。

承安桥廊桥庙宇大门

承安桥廊桥一侧入口

承安桥廊桥神龛内景

承安桥廊桥远景鸟瞰

承安桥廊桥垂直鸟瞰

承安桥廊桥近景俯瞰

承安桥廊桥石造桥墩与悬挑木构

承安桥廊桥神龛外景

承安桥廊桥鹅卵石桥面

承安桥廊桥端头木构构造

止马镇亲睦村永济桥

在亲睦村黄氏宗祠右前方的溪流上建有一座永济廊桥，这座廊桥中间神龛部位屋顶如伞盖，拔风散气，设计巧妙；廊桥两侧如裙带般，下垂封闭，保护桥体木结构免于风吹日晒；下方石砌桥墩，偏向一侧做石拱，溪流九十度拐弯而过。这座石拱廊桥另一侧以宽阔石板路在水中穿过，似乎是一种可以漫水而过的石坝，同时也是路面，设计甚是巧妙。

永济桥石拱廊桥正面近景

永济桥石拱廊桥神龛屋顶

永济桥石拱廊桥远景鸟瞰

永济桥石拱廊桥垂直鸟瞰

永济桥石拱廊桥入口

永济桥石拱廊桥全景透视

永济桥石拱廊桥石造华表

永济桥石拱廊桥神龛

永济桥石拱廊桥木构体系

苏维埃旧址正面俯瞰

六、砖石建筑

青砖传统建筑的青砖工艺大多体现在硬山山墙与门楼上，集大成的是清时期的山西晋商与安徽徽商群体建造的豪宅大院，而在民国时期沿海流行西洋建筑，以至于民国时南京所建造的现代建筑几乎都是青砖，特别是大中型公共建筑。由于殖民的需要，西洋青砖建筑在中国大地各个角落渗透，特别是教堂建筑无孔不入，光泽这座县政府苏维埃旧址的前身就是天主教堂。这里还特别收录了一座水电站石砌建筑院落及水电站建造工程。

赠书活动

县政府苏维埃旧址

客观上这是一座精美的西洋青砖建筑，由于其公共面积够大，从天主教堂变为了县苏维埃政府办公地，是特殊时期的特殊产物。从文化属性上来说，这是一座纯粹的西洋殖民建筑，花费大量银两绝不是无偿奉献，而是使得国人接受并认同异域文化，促进异域资本商贸文化的畅通。从建造角度来看，这是民国与西方世界同时期的建筑精品，全青砖建造设计，二层方正楼房，正立面典型的青砖拱券连续公共走廊，拱券技术纯熟，屋顶结合气候开老虎窗，红缸瓦屋顶形式参考了庑殿顶模式，内部楼梯与过道，功能紧凑而实用，容易被当地人接受。这种被迫地植入异域文化的现象在特殊时期屡屡发生，造成的后果就是对中国传统建筑全面而彻底的冲击，直到现在的方盒子水泥楼房遍地冒进。这是千百年来一种文化断层现象在建筑文化里的体现。

苏维埃旧址正立面

苏维埃旧址正立面测绘图

苏维埃旧址拱券外廊

苏维埃旧址一层外廊

苏维埃旧址二层外廊

苏维埃旧址会议室

苏维埃旧址垂直鸟瞰

苏维埃旧址办公室

苏维埃旧址楼梯间

霞洋水电站生活区近景鸟瞰

寨里镇霞洋水电站

在毛泽东时代，伟人统筹全局规划生产生活，在一穷二白的基础上大兴水利建设，由于光泽地域水资源丰富，在寨里镇修建了霞洋水电站，利用较大落差，把从武夷山汇聚来的水流势能转化为电能，这种构想与气魄在当年主要凭借人力的时代值得敬佩。霞洋水电站有两个区，一个是厂房生产区，一个是居住生活区；居住区规划在面朝溪流的山谷台地上，有电影院、食堂及宿舍，大台阶直通中心大院落，公共建筑石材与混凝土混合建造，单层宿舍一律青石构筑，在平整的台地横竖布置；厂房区建筑群，台地一侧设一栋三层石混办公楼，电机厂房是后期改造，顶端的电机控制室是青石建造，风格多样，各得其所。它们构成特定时期极具地域特色的建筑景观。

霞洋水电站生活区垂直鸟瞰

霞洋水电站生活区台地排屋

霞洋水电站生活区办公楼

霞洋水电站生活区宿舍院落

霞洋水电站生活区排屋俯瞰

霞洋水电站生产区发电站远景

霞洋水电站生产区发电站近景

霞洋水电站生产区厂房

羊水电站生产区办公楼

霞洋水电站生产区发电机组

节孝牌坊正面

七、亭塔牌坊

这里分别收录一座青砖古牌坊、一座新建的石头牌坊、一座重修的光泽风水宝塔。古牌坊纯青砖砌筑，新牌坊仿木纯石造，宝塔洪光塔是在旧址上用钢筋混凝土重建。

節
乾隆二十五年
禮部 題覆奉

节孝牌坊背面

崇仁村节孝牌坊

在崇仁村裘氏宗祠一侧古道街巷上，矗立一座青砖构筑的精美节孝牌坊。不同于横跨街巷的石造牌坊，这座青砖节孝牌坊在热闹的街市一侧站立，正面朝向街面，对称造型，跌落式屋檐，抬头以上可见部位竭尽所能进行青砖雕饰，阳刻雕饰立体感极强，青砖雕刻有各种祥瑞飞禽走兽、祈福人物等。牌坊中央上下镶嵌题刻青石板，落款“乾隆二十五年”。这是千年崇仁村深厚文化底蕴的一个见证。

节孝牌坊街景

山头村牌坊

这是在旧址上复原新建的石造牌坊。山头村历来文风兴盛，特别在清嘉庆年间三兄弟连登科第，一时传遍天下，轰动一时，嘉庆帝特赐“三凤齐飞”牌坊以表彰龚氏三兄弟，鼓励后学，并赐联“辟五百年之天荒，一虎独踞；冠十八省之人杰，三凤齐飞”“连兄连弟连登进士；同榜同魁同选词林”“同怀半载五登科杭北家声第一；连捷七年三太史斗南无双”。“文革”时期毁弃，现如今重修一新。

“三凤齐飞”牌坊正立面

恩榮
天官
三鳳齊飛
一科雙拔
同懷半載五登科杭北家聲第一
紫遊淵源德新黼條

洪光塔入口牌坊

洪光塔近景仰视

光泽洪光塔

在富屯溪上游的北溪与西溪交汇地带，水流缓慢，形成湖泊，湖光山色，耸立的狮山（卧牛山）在天际线勾画风水宝塔，锁水在尾，风水畅达，如天然园林。洪光塔与千年古县一样古老，在“文革”时期被毁，20 世纪 90 年代原址重建，七层高度，内设楼梯可登顶，钢筋混凝土结构，每层设主题，富有人文气息，成为光泽门户一处标志性景观，与卧牛山公园成为光泽人民的好去处。

洪光塔全景俯瞰

下篇 地域建筑特色

在中国传统民居中，传统青砖建筑用得最为炉火纯青的是清时期的徽商与晋商两大群体，徽派建筑风格在东南一带大为流行，而山西晋商深宅大院青砖建筑在三晋大地遍地开花。青砖是相对红砖的一种质地更结实的传统标准建筑材料，由于需要大量泥土与燃料烧制，制作成本比就地取材的生土或土坯砖或石头建筑材料相对更高，只有家底殷实的富户或商人在百年豪宅上大量使用。光泽处在福建与江西交界的入闽大门户地带，徽派建筑风格自然通过关隘流入，再顺着富屯溪到闽江上游沿岸，甚至流通到高山的屏南，还有孤悬海外的平潭海岛（造型风格类似）。

光泽的传统青砖建筑又与其他地方有所不同，其青砖表面带暖红色，使整个青砖墙面色彩变化丰富，在青红砖砌肌理上形成一种退晕般的韵律。这种工艺形成的热闹风格一改青砖深沉的严肃面目，使得光泽青砖构造具有独特的识别性，这是徽派风格建造工艺的创新应用。光泽传统建筑使用青砖最多最显眼的地方是两侧高大山墙，大户人家或宗祠家庙大面积使用青砖空斗墙一砖到顶，一般民居则是仅在上半部使用青砖构筑，下面以夯土墙支撑衔接，有的为了节省材料仅在夯土墙外皮做青砖贴面。毕竟，一座大宅在远处最先映入眼帘的是高大山墙，因此做得巍峨高耸且坚挺笔直。此时，山墙已演变为一种身份的象征，远离了最初的封火山墙或防止雨水冲刷的基本功能。

青砖最使人陶醉的是各种细致雕刻与细部构造，这在光泽传统青砖建筑上体现得蔚为大观，特别是府第与宗祠家庙。中国传统建筑的门面如同传统戏剧的人物脸谱，各式各样的装饰花样在表达着主人的内在性情。青砖的雕饰正好极大地满足了这种表达需求，可以细致入微地刻画各种花卉与富贵人物，还有各种祈福神兽等，在不同规格的青砖雕刻、拼接与镶嵌中，丝丝入扣地铺展在人们的眼前。这在光泽聚落抬头可见。除了青砖建筑特色外，还有红缸瓦屋顶的铺设，相比闽江中下游，这种红瓦十分厚重。内部的木构体系在光泽也比较独特，大量出现了少见的象鼻栱。还有陶制排水檐沟系统，在别处也少见。

光泽茶市街民居

一、跌落山墙造型

典型的光泽传统建筑最先映入眼帘的就是跌落山墙，主要是青砖构筑，还有土砖结合或纯夯土，这种跌落封火山墙有时会结合弧形或“人”字山墙，富有变化，体现出光泽边关风格的流动混合性。造型最经典的是宗祠建筑的五段式跌落势态，有的两组或四组，最多可达六组，有的还有侧院山墙，可达十二组，如山峦五岳般气势，彰显主人高贵身份地位或家族显赫身世。三段式跌落山墙为数不少，大多出现在更早期的古宅两侧，如光泽茶市街、崇仁古街及新甸村聚落。除此之外，其他造型皆是这两种造型的变化应用，随着地势与建筑体形的变化而变化，但总是内部体量的外部反应，最高处刚好高于屋脊，跌落方向与坡屋顶形成一致，兼备防火，审美与功用两不误。

寨里镇山坊村民居

崇仁乡崇仁村裘氏家祠

华桥乡牛田村民居

止马镇岛石村朱氏宗祠

华桥乡牛田村民居

寨里镇山坊村民居

李坊乡石城村上官劲庵祠

止马镇岛石村安敦第民居

止马镇岛石村朱氏宗祠

寨里镇官桥村陈氏宗祠

司前乡新甸村民居

寨里镇山头村民居

寨里镇山头村镇江府

崇仁乡崇仁村裘氏家祠

崇仁乡崇仁村民居

寨里镇山头村镇江府

止马镇岛石村宗祠

寨里镇山头村镇江府

崇仁乡崇仁村民居

华桥乡牛田村陈氏宗祠

止马镇白门楼村民居

寨里镇官桥村陈氏宗祠

李坊乡石城村上官劲庵祠

止马镇亲睦村黄氏宗祠

黄氏宗祠

寨里镇山坊村王氏宗祠

止马镇岛石村朱氏宗祠

止马镇岛石村宗祠

寨里镇官桥村陈氏宗祠

止马镇白门楼村民居

华桥乡牛田村龚伦峰民居

司前乡长庭村民居

止马镇岛石村朱氏宗祠

崇仁乡崇仁村民居

李坊乡石城村上官劲庵祠

止马镇岛石村朱氏宗祠

司前乡长庭村民居

寨里镇梅溪村饶氏宗祠

二、红缸瓦屋顶

作为中国传统建筑的第五立面，光泽传统建筑屋顶采用红缸瓦，与高大青砖山墙相映成趣，审美富有变化与厚重。相比福建沿海薄片浅弧度的青瓦，这种红缸瓦弧度较大，类似北方的瓦片，长而厚实。特别是在岁月冲刷下的合院民居建筑，红缸瓦屋顶显得深沉而苍古，发黑覆瓦与沟渠红色仰瓦相间，色彩感受极其舒适；沟槽较深，瓦垄较大，弧度弯曲，在阳光下更具立体感。

三、堆叠青瓦屋脊

古人比喻屋舍如天宇，屋脊是最接近上天的地方，除了各种装饰祈福辟邪外，屋脊工艺做法也是多种多样。光泽传统建筑采用立式叠瓦压顶，如地面堆叠累瓦，做法简洁而有力，或在正脊，或在斜脊，有的在围墙，还有的在门楼，立式瓦根据造型需求出现不同斜角堆叠，形成两侧起翘形态。屋脊中间突起叠瓦装饰，强化中心轴线，传统上认为兼有镇宅辟邪的功用。这种工艺手法，简易而富有变化，朴实中透着巧妙，随之成为地域流行做法。

四、青砖门面雕刻艺术

门面如脸谱，这不仅仅是我们现代人所理解的一种装饰，它是一种使出浑身解数的表现，蕴涵一种生活态度与内在个性。我们无法真正进入古人的精神世界，只能透过这些看似繁复的门面来感叹一种艺术般的手艺，而这种艺术的修为亲近生活的厚度。就如这眼前琳琅满目的光泽青砖雕刻艺术，在门楼呈现其竭尽所能之精华，表现细腻入微的精神世界，在泥巴烧成的块状物体上赋予一种灵动，一种织锦般有温度的包裹体。这种表现也时常出现在闽南梁架的炫目彩绘中，使得被包裹之物显得轻盈而亲近，其实它们是厚重的建造物，但在华夏文明的熏陶下，这种厚重的构筑物却远离了那种钢筋混凝土的某种“暴力冰冷”审美。

裴氏家祠
10

孝
旌表
儒士龚文宗
妻李氏

節
乾隆二十五年
禮部 題覆奉

義路

禮門

祠 宗

五、青砖空斗墙

在武夷山文化圈范围的闽北地域，传统建筑多采用青砖空斗墙，这种墙体十分完美地解决了冬冷夏热的保温隔热问题，结合塞填生土泥巴，与空腔一同形成一道保护层，同时也节约了青砖这种较为金贵的建筑材料。这种青砖空斗墙在光泽传统建筑里大量应用，在商贸发达地带一般都是一砖到顶地通身使用，如果在偏远山区仅做上半段，下半段是夯土建造，这样不仅经济，而且有利于保护经受风吹日晒的墙体上段。

陳氏宗祠

48
小心危房
请勿靠近

六、青砖樨头工艺

这是硬山山墙的端头处理方式，特别是在眼前的部位，给了工匠发挥的机会，也是主人在意的地方。在墙头的这个过渡部位称作樨头，一般做法就是叠涩功法，一层层递进收缩，而光泽地域的做法是利用青砖的可塑性，做出极其细微的刻画，甚至是立体的多面雕刻，抬头便使人愉悦。

七、檐口细部

由于檐口遮挡雨水，稍稍伸出墙面，在结构上需要逐层伸出，古人就利用这个机会，把檐口做得如丝带般优美，特别是体现在光泽传统建筑的檐口青砖细部。这些细部不断重复，一面起到承托作用，一面在合理的造型上做些修饰，要么花卉，要么仿木结构，还有的别出心裁，做些镂空的连续构件，其中仿木结构的青砖最具功力。

八、象鼻栱与撑栱

在武夷山一带多有象鼻栱这种斗栱体系的特别形态，而最多的当属光泽这个躲在闽江源头富屯溪的边关地带。象鼻栱在清以后基本消失，主要流行在明以前，在清时期已大多演变为繁密的装饰性斗栱体系，光泽的清代木构体系却是个例外，这是千年古县地域风格特征的集体性沉淀，不受主流建筑文化的影响。光泽县域的象鼻栱造型优美，不但木构通身有的做得光滑如丝，而且有的内外设双栱，还有的形象具象神似大象长长的鼻子，高高地托起梁架，一般在厅堂梁架的卷棚或前廊上部。光泽传统建筑木构体系的撑栱与象鼻栱的作用异曲同工，不过撑栱利用三角形稳定原理进行构架，这种协助支撑构件因此可以过度装饰，有的甚至镂空为纯装饰物件，极具审美美学特征。

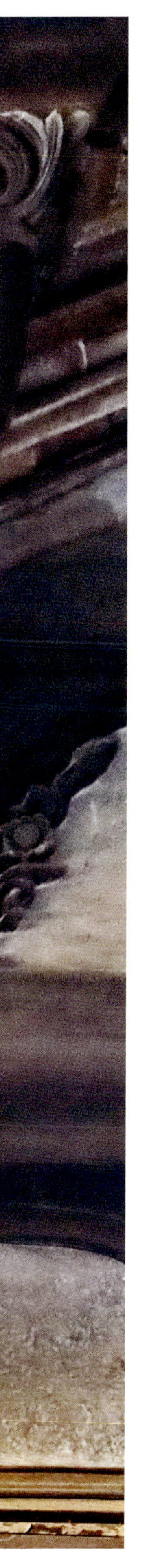

九、木梁架雕饰

由于光泽地域商贸发达，山林茂盛，溪流密布，杉木遍地，因此传统建筑的木构架硕大，用料扎实，具有典型中国传统建筑木构体系的所有特征，特别是木梁架雕饰工艺，汇聚了各路工匠体系的手法，如闽江下游的锯花装饰、闽江中游驼峰梁架端头的纹路，以及形式多样的雀替雕饰等。

十、木构柱础

有一种木块如垫片夹在石造柱础与木柱之间，这种构件学名“柱磌”，在闽北地区常见，特别是在光泽地域大量存在。“柱磌”是构成柱础的一部分，且用横纹木制作，它的作用是阻挡雨水从下面石础漫渗到木柱里，确保木柱干燥，有效避免了木柱日久腐烂。毕竟更换“柱磌”既节省又方便，考虑得相当周全。这块“柱磌”形状可以做成各种花样，大多修成圆弧形，有的做成莲花覆盆状，最为特别的是边沿修饰为竹节状，以示主人有竹节般的气节。

十一、门窗装饰

光泽传统建筑木构体系比较发达，反映在小木作的门窗装饰上，做工较为精细和讲究，如同青砖雕饰的细腻表达一样，这些门窗装饰同样精彩纷呈。

十二、遮阳卷帘轴

在礼仪秩序的高堂上，空间一般敞亮而高大，若是酷暑季节，太阳会直接射入室内，阳光不但刺眼而且带来大量热量。光泽工匠利用厅堂与厢房的高差关系，巧妙地在木构架的相互搭接上，安装木构卷帘，可随时拉下与拉上，做工极为考究。

十三、陶制檐沟

在光泽传统建筑中，常见天井檐口制作有组织的排水管槽体系，一般用陶制檐沟一段段衔接收纳雨水，在角部用竹筒垂直管道接入地面下水道，有的垂直管道甚至用的是圆形陶管。这是比较罕见的传统建筑里有组织排水的巧妙设计与制作体系。

三春常住風華永茂

十四、石造构件

光泽传统建筑的石造构件虽然不如青砖那么常见，但如青砖雕饰一样精美，有时结合青砖出现在门面，有时在抱鼓石或门墩石上，还有的运用在严丝合缝的铺地上，特别值得一提的是衔接排水体系而做的石造构件，使得地面孔洞与管道完美衔接。

十五、河卵石建造工艺

由于光泽河流密集，大多聚落沿着溪流两岸营造，河里大量的鹅卵石就是优质的建筑原材料，常运用在地面之上的墙脚上，有的高达一人，有的仅做三四层而承托着青砖墙体或夯土墙体，都是一层层整齐排列的干垒砌方式，这需要精湛的工艺水平。

高墙脚

地坪铺砌

后记

POSTSCRIPT

——地域传统建筑特色的相对性与绝对性

由于气候、地理环境、人文环境及商贸经济的巨大差异，从南到北，从东到西，我国传统民居建筑形态各种各样，特别是少数民族所在的草原、山林及高原，与汉民族所在的黄河、长江流域及东南沿海，二者有着较大区别。汉民族所在的以秦岭为分水岭的南北两大区域，具有较大相对性的地域特色。在陕西境内较狭长的区域就可分出陕北黄土高原、关中渭水流域及陕南鱼米之乡三种不同，秦岭南北的气候环境截然不同，“泾渭分明”的成语正是由此而来。由于千百年来，汉人从中原地带不断地扩散迁移，特别是移民至东南沿海直到最东南的福建及台湾落脚，为了适应气候环境而进行了建造技艺的演化、优化，福建传统民居建筑在偏远的连绵丘陵地带形成了适应性的多样生态地域建筑特色，与少数民族的传统民居建筑有着绝对性的分别。这种传统民居建筑的相对性程度在福建又可分出轻、中、重的风格差异，如果说福建土楼在闽西南汉人传统民居建筑地域特色程度中属最重的话，那么，光泽边关地带的地域建筑特色就是程度较轻的那种，因为这里受近古以来传播的徽派风格影响深刻，主因是光泽拥有军事与商贸通道输出和输入的入闽大门户。

《光泽传统建筑》基本系统地梳理了这种较轻的相对性地域传统建筑特色，这是在徽派与闽北传统建筑风格的交汇地带出现的独特现象。这本书在较短时间内收录了 59 个实例（包括聚落、传统建筑及关隘），基本覆盖了光泽的全域人居环境，同时梳理出了 15 个地域建筑特色，为进一步比较研究闽北武夷山一带传统建筑特色做好扎实铺垫。从无到有，从沿海到边关，以古代县区为单位的福建传统建筑地域特色梳理与研究已进入系统化阶段，可以让我们更深入地将其放在眼前观察与研究，梳理这些建筑风格演变的规律，深挖其中的经济、文化属性及工匠精神，当然还有居住属性与人文、地理、气候的密切关系。这本书能够在短时间内按时完成，特别要感谢光泽县住房和城乡建设局给予的支持与协助，尤其是得到张建平副县长的信任与帮助。同时，还要感谢福建省建筑设计研究院有限公司的全力支持，以及光泽县住建局局长黄辉、住建局总工程师张添文、住建局原副局长陈庆懋、县博物馆馆长黄富莲、村建站站长黄伟城及同事任伟给予的有力支持，最后特别感谢福建博物院副院长楼建龙先生提供相关关隘照片。

我们中国幅员辽阔，特别是以汉人为主体的人居环境开发得最为彻底，合院与独栋传统民居是基本形态，再根据气候环境的差异进行适应，从而演化与优化，特别是南下移民的群体，最有代表性的当属福建地域的汉人移民区，这些传统民居建筑（以民居为主体，其他公共传统建筑基本都是从民居建筑演变而来）类似方言在丘陵地带所形成的极大差异，福建各个古代县区以山岭河流等天然阻隔为界，把农耕文明发挥到极致，使得传统建筑多样而生态。在此，我们希望“福建传统建筑系列丛书”开启对这种多样而生态的居住环境与建筑的深度认知，为解决当代遇到的可持续发展困境找到切实出路。

光泽县不可移动文物古建筑

级别	序号	名称	年代	地址
省级文物保护单位	1	崇仁裘氏民居	清雍正	崇仁乡崇仁村
	2	福字楼	清早期	崇仁乡崇仁村
	3	毛湛毛氏宗祠	清嘉庆	司前乡台山村
	4	洋塘梁氏宗祠	明崇祯	崇仁乡洋塘村
	5	镇江府	清嘉庆、道光	寨里镇山头村
	6	牛田东路军指挥所旧址	清代	华桥乡牛田村
	7	东方县苏维埃政府旧址	中华民国	李坊乡上观村
	8	光泽县苏维埃政府旧址	中华民国	杭川镇 217 路
	9	红一方面军物资储运站饶坪大圣庙	中华民国	鸾凤乡饶坪村
县级文物保护单位	1	杭川镇茶市街	清代	杭川镇茶市街
	2	杨孟龄民俗馆	清代	中山街文明巷
	3	油溪承安桥	明代万历年间	鸾凤乡油溪村
	4	大洲谈判旧址	中华民国	寨里镇大洲村
	5	蔡氏宗祠	清乾隆六十年（1795）	寨里镇桃林村
	6	黄氏宗祠	清乾隆	止马镇亲睦村
	7	红二十二军军部旧址	清代	止马镇水口村
	8	浔江朱氏宗祠	清代	止马镇岛石村
	9	会仙岩——中央红军给养隐蔽仓库、中央红军伤员疗伤点	近现代	鸾凤乡饶坪村
	10	清溪夫人庙	清代	司前乡清溪村
	11	水西黄氏宗祠	清代	崇仁乡水西自然村

光泽县传统村落名单

荣誉	地址
福建省历史文化名村	崇仁乡崇仁村
中国传统村落	崇仁乡崇仁村
	华桥乡牛田村
	止马镇亲睦村
	李坊乡管蜜村
	李坊乡百岭村
福建省传统村落	崇仁乡大洋坪村
	司前乡清溪村
	司前乡司前村梅坪自然组
	司前乡新甸村
	司前乡长庭村
	李坊乡上观村
	李坊乡李坊村
	寨里镇山坊村
	寨里镇山头村新丰组

光泽县历史建筑名单

批次	地址	名称
第一批（2016年）	崇仁乡	崇仁街13号（牌坊）
		崇仁街17号（崇仁书院）
		崇仁街（龚氏宗祠）
		崇仁街（龚鸣魁宅）
		崇仁街22号（龚朝汉祖宅）
		崇仁街24号（民居）
		崇仁街26号（福字楼）
		崇仁街33号（龚志宅）
		崇仁街41号（龚鸣森、王基庭宅）
	李坊乡	李坊村（李耕才祖宅）
		李坊村（李氏子宗祠）
		李坊38号（李培发民宅）
		李坊村（李坊生产大队食堂旧址）
		李坊村（李氏子茂祠）
		李坊村（文顺寺）
		李坊77号（民居）
		李坊99号（李健康老宅）
		李坊村（李氏五八公祠）
		李坊村（同寿桥）
		李坊村（古井）
	司前村	司前街2号
		司前村（司前乡某工厂）
		司前街（沿街店）
		司前村外何28号（罗福康民居）
		司前村里何4号（邓诗兴宅）
		司前村何家里（民居）
		司前村何家里（民居）
		司前村何家里（民居）
		司前村何家里（民居）
	华桥乡	华桥村（华桥乡政府办公楼）
		华桥村（华桥）
		华桥村（供销社仓库）
	止马镇	牙前巷（危氏老宅）

批次	地址	名称
第一批（2016年）	止马镇	止马村（徐仙寺）
		止马村（古桥）
		止马村（颐卷庭）
	杭川镇	中山街22号（杨孟龄民俗馆）
		中山街（苏维埃旧址）
第二批（2020年）	崇仁乡	大洋坪村大洋坪组44号（平安戏台）
		徐家坝19号（莲花峰庙遗址）
		大洋坪33号（邱献寿宅）
		汉溪中心村（义仓）
		儒堂村郑家组12号（郑成功纪念园）
		大洋坪村中定组46号旁（危氏“永茂”宗祠）
		金陵村百庆组30号（谢氏宗祠）
		崇仁新村38号（崇仁大庙）
		崇仁古街201号（张王庙）
		崇仁古街28号（王宅）
		儒堂村三路坑组37号（福善庙）
		崇仁古街203号（关圣庙）
		崇仁古街164号（吴思才故居）
	鸾凤乡	油溪村107号（傅长元宅）
		油溪村75号（聂文英宅）
		油溪村112号（上村祖宅）
第三批（2020年）	崇仁乡	崇仁村王氏宗祠旁（崇仁区公所）
		崇仁古街149号旁（黄氏祠堂）
		崇仁古街52号（崇仁村电影院）
		崇仁新街1号（崇仁乡大礼堂）
	司前乡	清溪村庙下组14号（林明锣宅）
		清溪村庙下组8号（林宗根宅）
		清溪村庙下组21号（林谋石宅）
第四批（2022年）	司前乡	清溪村庙上组（黄武福宅）
		清溪村庙上组（李金珠宅）
		清溪村庙上组（夫人庙附属房）
		清溪村庙上组（苏贤榜宅）

图书在版编目（CIP）数据

光泽传统建筑 / 黄汉民，范文昀著 . —福州：福建科学技术出版社，2023.8

ISBN 978-7-5335-6988-4

Ⅰ . ①光… Ⅱ . ①黄… ②范… Ⅲ . ①古建筑 – 建筑艺术 – 研究 – 光泽县 Ⅳ . ① TU-092.2

中国国家版本馆 CIP 数据核字（2023）第 056325 号

书　　名	**光泽传统建筑**
著　　者	黄汉民　范文昀
出版发行	福建科学技术出版社
社　　址	福州市东水路 76 号（邮编 350001）
网　　址	www.fjstp.com
经　　销	福建新华发行（集团）有限责任公司
印　　刷	雅昌文化（集团）有限公司
开　　本	635 毫米 ×965 毫米　1/8
印　　张	47.5
图　　文	380 码
插　　页	4
版　　次	2023 年 8 月第 1 版
印　　次	2023 年 8 月第 1 次印刷
书　　号	ISBN　978-7-5335-6988-4
定　　价	438.00 元